KB015034

열역학

열과 일, 에너지와 엔트로피의 과학

Three Laws of Nature: A Little Book on Thermodynamics
by R. Stephen Berry

Originally published by Yale University Press
This edition published by arrangement with Yale Representation Limited
through Duran Kim Agency, Seoul, Korea.

열역학: 열과 일, 에너지와 엔트로피의 과학

1판 1쇄 발행 2021. 3. 29.
1판 4쇄 발행 2022. 5. 10.

지은이 스티븐 베리
옮긴이 신석민

발행인 고세규
편집 이승환 디자인 정윤수 마케팅 박인지 홍보 박은경
발행처 김영사
등록 1979년 5월 17일(제406-2003-036호)
주소 경기도 파주시 문발로 197(문발동) 우편번호 10881
전화 마케팅부 031)955-3100, 편집부 031)955-3200 | 팩스 031)955-3111

값은 뒤표지에 있습니다.
ISBN 978-89-349-8986-8 04400
978-89-349-9788-7 (세트)

홈페이지 www.gimmyoung.com 블로그 blog.naver.com/gybook
인스타그램 instagram.com/gimmyoung 이메일 bestbook@gimmyoung.com

좋은 독자가 좋은 책을 만듭니다.
김영사는 독자 여러분의 의견에 항상 귀 기울이고 있습니다.

Deep & Basic 5

스티븐 베리 | 신석민 옮김

Thermo-dynamics

열역학

열과 일, 에너지와
엔트로피의 과학

R. Stephen Berry

김영사

머리말

이 책의 목적은 아주 구체적이다. 열역학을 하나의 패러다임으로 사용하여 과학이 무엇인지, 과학은 무슨 일을 하며 우리가 그것을 어떻게 이용하는지, 과학이라는 것이 어떻게 생겨났는지, 인간이 자연에 관한 점점 더 도전적인 질문들에 이르고, 그것을 해결하려 애쓸 때 과학이 어떻게 진화하는지를 보여주려고 한다. 이 책은 특별히 학교에서 '모두를 위한 과학' 같은 강좌를 들어본 것 말고는 과학적 배경지식이 거의 없는 사람들을 염두에 두고 썼다.

이러한 시도는 세 가지 동기에서 비롯되었다. 첫째, 시카고대학교에서 과학을 전공하지 않는 학부생을 대상으로 개설하여 수년 동안 계속해온 수업이다. 둘째, 학부 수업이 발전하여 생겼지만 수학적인 측면에서는 다소 수준을 낮춘, 성인들을 위한 강좌다. 시간적으로는 제일 앞서며 이 강의들이 책으로 나오기까지 매우 큰 영향을 미친 셋째 동기는, 영국 과학자이자 소설가인 찰스 퍼시 스노가 케임브리지대학교에서 강의한 내용을 바탕으로 1959년에 출간한 에세이《두 문화The Two Cultures》이다. 스노가 말한 내용의 핵심은 과학자 문화에 속한 사람들이 그 반대의 경우에 비해서 인문학 문화에 대해 훨씬 더 많이 알고 있으며, 이것이 우리 사회의 심각한 문제라는 것이다. 그는 우리가 적절한 균형을 이루려면 과학자들이 셰익스피어에 대해 알고 있는 만큼 비과학자들도 열역학 제2법칙에 대해 알아야 한다고 주장했다. 처음 발표한 두 에세이를 포함하여 1964년에 출간한 이후 책에서, 그는 약간 물러서서 열역학 제2법칙을 현대 생물학으로 바꾸었다.

그 당시에도 나는 이런 수정에 동의하지 않았지만, 생물학이 발전함에 따라 지금은 그의 처음 생각이 옳았다는 것이 명백해졌다. 왜냐하면 오늘날 생물학을 이해하려면 많은, 정말 많은 사실을 배워야 하지만 열역학을 이해하기 위해서는 그저 몇 가지 사실만 알면 되기 때문이다. 열역학은 현대 생물학처럼 방대한 양의 정보에 기반한 체계적인 추론보다는 몇 가지 개념에 뿌리를 둔 학문이다.

이 책은 과학이 무엇이고 어떤 일을 하며 어떻게 존재하게 되었는지에 대해 관심은 있지만 과학적 지식은 거의 또는 전혀 없는 사람들을 위한 책이다. 독자를 이렇게 상정하고 글을 쓰면서, 내용의 순서와 관련하여 선택해야 할 것이 있었다. 역사를 먼저 접하는 것과 열역학의 현재 모습을 먼저 읽는 것 중 어느 쪽이 열역학에 대한 개념을 더 명확하게 할까? 나는 후자를 선택했다. 그래서 1장과 2장에서는 현재 우리가 끊임없이 사용하고 있는 열역학이라는 과학을 보여주고, 3장에서 열역학이 어떻게 지금에 이르게 되었는지를 다룰 것이다.

처음 1, 2장은 전통적인 열역학이 무엇인지, 그것을 구성하는 개념들과 이 개념들을 이용하는 방법은 무엇인지 알아본다. 이 장들은 에너지 보존, 시간에 따른 변화의 방향성과 필연성, 절대영도의 존재에 관한 열역학의 세 가지 법칙을 중심으로 구성했다.

3장에서는 열역학의 역사를 살펴본다. 여기에서는 우리가 열역학 법칙이라고 부르는 개념, 변수 및 도구가 어떻게 진화했는지를 볼 수 있다. 그 역사를 아는 것은 매우 중요하다. 왜냐하면 열역학의 일부 개념은 우리의 사고와 언어에 너무나 깊게 스며들어 있어 언뜻 지극히 자명하고 사소하며 단순해 보이지만, 사실 열역학은 아주 힘들게 진화해왔으며 여러 면에서 놀랍도록 미묘할뿐더러 전혀 단순하지 않기 때문이다. 열역학의 현재 모습과 위상을 알고 나면, 그 역사가 순탄하진 않지만 흥미로운 여정을 겪었고 지금도 진행 중이라는 사실을 알 수 있다. 또한 서로 경쟁하고 충돌하는 개념들을 해결하며 과학이 진화하는 방식에 대한 통찰도 얻을 수 있을 것이다.

4장에서는 열역학을 적용하는 방법, 특히 열역학에서 얻을 수 있는 정보를 사용하여 일상생활에서 수행하는 많은 일의 성능을 향상시키는 방법에 대해 설명한다. 5장은 열역학의 선구자들이 기초를 확립한 이후에 열역학이 어떻게 발전해왔는지를 다룬다. 어떤 의미에서 이 장은 3장의 현대적 버전이라고 할 수 있다. 형식적이고 공준公準적이며 본질적으로 완성된 체제로서 명쾌하고 여러 면에서 가장 자연스럽게 표현되었음에도 불구하고, 열역학은 지속적으로 발전적인 변화를 겪고 있으며, 새로운 발견들이 개념의 확대를 요구함에 따라 확장되고 강화되어왔다. 이 장에서 논의하는 중요한 발전은 전통적인 열역학의 거시적 접근과 기본 구성 요소인 원자를 기반으로 한 미시적인 설명 사이의 연결이다. 이 연결에는 특히 '통계역학'이라는 통계적인 방법이 적용되었다.

6장에서는 현재 우리가 알고 있는 열역학을 기반으로, 자연이 작동하는 방식에 대한 보다 어렵고, 보통은 더 복잡한 문제들을 해결하고자 할 때 직면하는 열린 과제들을 살펴본다. 특정한 과학이 우리에게 알려줄 수 있는 것에 한계가 있는지, 있다면 어떤 한계인지, 또 과학의 도구와 개념으로부터 얻은 추론의 타당성에 한계가 있을지를 다룬다. 이 장은 우리가 새로운 질문을 던질 때 과학이 어떻게 새로운 도전과 기회를 지속적으로 제공하는지를 보여준다.

마지막 7장에서는 특정한 과학인 열역학을 통해, 과학이 무엇이고 어떤 일을 하는지, 우리가 과학을 하는 이유는 도대체 무엇인지를 알아본다. 이 장은 일종의 개관으로, 열역학을 모든 종류의 과학에 대한 패러다임으로 삼아 과학 지식이 무엇인지, 과학 지식은 인간 경험의 다른 영역에 관한 지식과는 어떻게 다른지, 열역학으로 표현된 과학 지식이 어떻게 우리 삶에 깊게 통합되는지, 과학 지식이 인간 존재를 인도하는 데 어떻게 사용할 수 있는지를 살펴본다.

이 책의 의도와 내용에 직접적으로 관련된 말은 아인슈타인이 한 말을 약간 다르게 표현한 다음 문장이다. "열역학은 가장 진실에 가까운 과학이다." 그는 모든 과학의 전체적인 맥락에서 열역학을 이야기하고 있다. 아인슈타인은 모든 과학이 언제든 재해석되고 깊은 차원에서 수정될 수 있다는 사실을 확실히 알고 있었다. 그 자신이 바로 그때까지 과학 법칙으로 받아들여지던 것을 근본적으로 변화시키는 데에 기여하기도 했다. 열역학에 관한 아인슈타인의 말은, 양자이론이 역학을 바꾸고 상대성이론이 시간과 공간의 개념을 수정한 것과는 달리, 열역학의 본질적 개념과 관계에 그런 중대한 수정은 필요하지 않을 것이라는 신념을 반영하고 있다. 과연 그는 옳았을까?

경험 많고 숙련된 편집자 알렉산드라 올레슨과 마거릿 아자리안에게 감사의 말을 전한다. 그들 의견에 크게 도움을 받았다.

일러두기

본문 중 고딕체는 원서에서 이탤릭체로 강조한 부분이다.

차례

1

열역학이란 무엇인가?

제1법칙

열역학은 과학에서 특별한 위치에 있다. 열역학은 모든 것을 다루지만 다른 의미에서는 실재하는, 적어도 실질적으로 만질 수 있는 것을 다루지는 않는다. 우리가 아는 한, 가장 작은 초미세 입자에서 은하계 전체에 이르기까지 열역학은 우주에서 관찰되는 모든 것에 적용된다. 엄밀한 의미에서는 그 어떤 것도 평형상태에 있지 않다는 명백한 사실에도 불구하고 고전적인 열역학은 이상적인, 즉 평형상태에 있는 시스템(계界)에 관한 것이다. 관측 가능한 우주의 모든 것은 물론 끊임없이 변하고 있지만, 이 변화의 대부분은 너무 느리게 일어나서 우리는 그것을 인식하지 못한다. 결론적으로, 쉽게 관찰되는 변화가 없는 시스템은 평형상태에 있는 것처럼 다루는 편이 매우 유용할 뿐만 아니라 유효하기도 하다. 여기서 드러나는 전통적인 열역학의 강점 때문에 우리는 그러한 시스템을 설명하는 데 열역학 개념들을 사용하는 것이다.

이 시점에서 '평형equilibrium'과 평형상태의 의미를 명확히 할 필요가 있다. 일반적으로 열역학은 적어도 돋보기로 볼 수 있을 정도이거나 그보다 훨씬 큰 거시적 크기의 시스템을 다루지, 하나든 수천 개든 원자 크기의 시스템은 다루지 않는다(엄밀하게 말하면, 열역학을 사용하여 수많은 원자나 분자의 집합과 같은 아주 작은 것들의 거시적 조합을 다룰 수는 있지만, 미시적인 것을 개별적으로 다루지는 않는다). 열역학에서는 관찰 및 측정이 가능한 온도, 압력, 부피와 같은 특성을 다룬다. 시스템을 구성하는 개별 분자 또는 원자의 움직임과 충돌은 논외로 한다. 열역학이 물질의 원자 및 분자 구조가 밝혀지기 전에 발달했기 때문에 구성 입자의 거동에 관한 명시적인 언급 없이 그 개념들을 사용할 수 있는 것이다.

우리가 평형과 평형상태에 의미를 부여할 수 있는 것도 그 때문이다. 거시적 시스템의 상태를 설명하는 데 사용하는 온도, 조성composition, 부피, 압력과 같은 특성이 시스템을 관찰하는 동안 변화하지 않고 유지되는 상태를 평형상태라고 한다. 예를 들어 실외 환경에서 낮과 밤의 온도 변화에 영향을 받는 시스템의 경우, 몇 분 또는 몇 시간 동안만 평형상태에 있을 수 있다. 밤이 되어 주위 온도가 낮아지면서 시스템의 온도도 떨어지면, 시스템의 상태가 바뀌기 때문이다. 이 예에서 평형은 주요 특성이 변하지 않고 지속되는 몇 분 또는 몇 시간 동안의 상태만을 말하지만, 어쨌거나 그 시간 동안에 시스템은 평형에 있다고 할 수 있다. 온도가 너무 천천히 바뀌어서 그 변화를 측정할 수 없는 시스템도 평형상태에 있는 것처럼 다룰 수 있다. 또는 관측에 몇 개월이 걸려서 낮이나 밤의 온도가 아닌 평균 온도만을 얻었다고 상상해보자. 이러한 장기 관측은 몇 분 또는 몇 시간의 관찰과는 다른 종류의 평형을 보여준다. 평형 개념의 핵심은 관찰하고 있는 시스템의 거시적 상태를 설명하기 위해 사용하는 특성의 변화를 확인할 수 없다는 사실에 있다. 이는 관찰에 필요한 시간의 길이에 따라 달라진다. 열역학과 관련된 측정은 일반적으로 몇 분 안에 이루어지며, 이 시간이 실제로 적용되는 '평형'의 의미를 결정한다.

물론 열역학은 평형에 있지 않은 현상에 관한 매우 중요한 것들을 다루기 위해서도 진화했다. 나중에 보게 되겠지만, 최근의 발전 대부분은 평형에 있지 않은 시스템의 특성을 설명하기 위해 전통적인 주제를 확장하면서 이루어졌다. 하지만 평형상태에서 벗어난 시스템의 열역학은 전형적인 교과서의 범위 밖에 있고, 어떤 면에서는 이 책에서 달성하고자 하는 목표를 넘어서는 것이다. 이 주제의 자연스러운 연장선상에서, 우리는 책의 마지막 부분에 가서 새로운 질문이 어떻게 새로운 영역에 대한 사고와 추론을 이끌어서 과학을 확장시킬 수 있는지 보기 위해 평형에서 벗어난 상황을 다룰 것이다.

평형을 다루는 과학으로서 열역학과 관련한 흥미로운 역설이 있다. 우리가 전통적인 열역학을 통해 얻어내는 핵심 정보는 무언가가 평형이라고 부르는 한 상태에서 또 다른 평형상태로 옮겨갈 때, 어떤 변화가 어떻게 일어나는가에 관한 것이다. 즉, 어떤 의미에서 열역학은 변화의 규칙과 속성에 대한 과학이다. 열역학은 어떤 변화가 일어날 수 있고, 어떤 변화가 자연적으로 허용되지 않는지에 대한 엄격한 규칙을 제시한다.

대부분의 사람들이 '열역학'이라는 말을 들었을 때 가장 먼저 떠올리는 생각은 에너지에 관한 것이다. 열역학에서 절대적인 핵심 개념이 에너지이기 때문이다. 열역학을 접할 때 처음 대하는 자연의 법칙은 열역학 제1법칙으로, 에너지는 생성되거나 없어지지 않으며 한 형태에서 다른 형태로 변환될 뿐이라는 사실이다. 앞으로 많은 이야기를 하게 되겠지만, 이 법칙이 어떻게 발견되었는지를 살펴보면 과학의 본질과 과학적 이해, 에너지 자체에 대해 많은 것을 알 수 있다.

열역학은 일련의 특성을 사용하여 시스템 상태와 이러한 상태 사이의 변화를 설명한다. 그 특성 중 일부는 일상에서 사용하는 일반적인 개념으로, 쉬운 예로 온도, 압력, 부피가 있다. 질량도 포함될 수 있으며, 물질의 조성도 마찬가지이다. 일반적으로 혼합물을 구성하는 물질의 비율을 변화시킬 수 있기 때문에,

순수한 물질과 혼합물은 정확히 동일한 특성을 띠지 않는다. 혼합물에서 서로 다른 물질의 상대적인 양도 해당 혼합물의 특성이 된다. 전기 시스템의 열역학을 설명할 때는 전압과 전류 같은 다른 일반적인 특성이 나타날 수 있으며 자기magnetic 시스템에도 역시 유사한 특성이 있다.

열역학이나 그 응용의 맥락 외에서는 쉽게 접할 수 없지만 특성이라고 부를 수 있는 매우 특별한 개념들도 있다. 가장 분명한 예는 엔트로피로, 주로 2장에서 다룰 것이다. 엔트로피는 열역학 제2법칙과 관련된 중심 개념이며, 시간에 따라 물질이 변화하는 방향의 열쇠이기도 하다(또한 정보이론과 같은 다른 분야의 핵심 개념이기도 하다). 엔진, 산업 공정, 생명체와 같은 시스템에서 성능의 한계에 대해 알려주는 또 다른 중요한 특성들도 있다. 이것들은 '열역학 퍼텐셜'이라고 부르는 양이다. 마지막으로 열역학 제3법칙은 특별히 매우 낮은 온도에서 온도와 엔트로피 간의 관계를 다룬다.

이 장과 다음 장에서는 열역학 법칙에 대해, 그리고 그 법칙이 우주와 그 속의 사물들이 어떻게 움직여야 하는지에 관한 기본적인 설명을 제공할 뿐만 아니라 어떻게 실용적인 다양한 목적으로 이용되는지를 살펴볼 것이다. 이 과정에서 관찰 및 측정 가능한 특성들을 변수로 자주 언급해야 한다. 열역학은 특성들이 변화하는 방식과 여러 특성들이 특정한 방식으로 어떻게 함께 변화하는지를 다루기 때문이다. 특성들의 변화 방식이야말로 열역학 법칙의 핵심적인 내용이다.

가장 자주 다루는 변수와 제1법칙

열역학은 우리의 일상 경험 측면에서 마주치는 물질의 특성과 그 변화를 이용하여 자연을 설명한다. 그 설명은 예를 들어 뉴턴의 운동법칙이나 양자이론의 설명과는 매우 다르다. 운동법칙은 당구공과 같이 매우 간단한 시스템이나 원자와 분자의 크기 척도에서 물질의 거동을 이해하는 데 적절한 개념이다. 그러한 접근 방식을 미시적 설명이라고 한다. 반면 열역학은 거시적 수준에 있다. 열역학은 원자와 분자, 또는 은하를 구성하는 별 등의 개별 요소들이 아주 많이 모여서 구성된 시스템의 거동을 설명하기 위해 가장 익숙한 특성들을 사용한다. 앞서 언급한 바와 같이 온도, 압력, 부피, 시스템을 구성하는 조성이 이런 특성에 해당한다. 미시적 설명에 적합한 특성 또는 변수에는 속도, 운동량, 각운동량, 위치 등이 있다. 이는 개별 원자와 분자의 충돌을 설명하는 데 적합하다. 실내 공기 중의 모든 산소와 질소 개별 분자의 움직임을 추적하기는 거의 불가능하다. 열역학적 설명의 핵심은 거시적 특성이나 변수의 변화를 나타내는 것이다. (일부 다른 접근 방식과 마찬가지로) 열역학에서 사용하는 변수는 일반적으로 원자 수준이 아닌 일상 경험의 규모에서 현상을 설명한다.

야구공과 같은 거시적 물체를 설명하기 위해 거시적 변수를 사용하는 방법을 생각해보자. 예를 들어 부피와 온도를 정할 수 있다. 하지만 미시적인 원자 수준의 구조를 무시하고 야구공을 배트와 충돌하여 날아가는 둥근 모양의 개별적인 물체로 취급할 때는, 미시적 수준에서 사용하는 것과 동일한 변수, 즉 질량, 위치, 속도, 각운동량을 사용할 수 있다. 중요한 차이점은 개별 물체의 크기가 아니라 물체에 대한 설명이 얼마나 단순한가 하는 점이다. 우리의 관심이 야구공을 구성하는 개별 구성 요소가 어떻게 거동하고 상호작용하는지에 있느냐, 아니면 많은 개별 요소로 구성된 시스템이 전체적으로 어떻게 움직이는지에 있느냐 하는 차이이다.

에너지는 두 수준 모두에서 적절하고 중요한 특성이기 때문에 자연을 바라보는 관점에서 매우 특별한 위치를 차지한다. 우리가 그 변화에 관심이 있기 때문에 에너지도 종종 하나의 변수로 언급된다. 에너지를 생각할 때면 필연적으로 온도와 열이 떠오른다. 온도는 일반적으로 T로 표기하며, 이 책에서도 이 기호를 주로 사용할 것이다. 이 시점에서는 온도를 **열의 강도**intensity라고 정의하는 것 이상으로 더 정확하게 설명하지는 않겠다. 열의 강도는 온도계로 측정해서 정량화하는데, 그 방법은 문화마다 다르다.

압력이 정확히 1기압일 때 물이 32도에서 얼고 212도에서 끓는 화씨Farenheit 온도는 잘 알려져 있다(18세기 초 네덜란드의 다니엘 가브리엘 파렌하이트가 제안했다). 대부분의 독자들은 정확히 1기압일 때 물이 0도에서 얼고 100도에서 끓는 섭씨Celsius 온도에도 익숙할 것이다(1742년 스웨덴 천문학자인 안데르스 셀시우스가 제안했다). 대문자로 쓰는 첫 글자는 온도를 측정할 때 사용하는 단위와 척도를 나타낸다. 화씨는 F, 섭씨는 C를 쓰며, 온도를 정의하는 더 정확하고 덜 임의적인 또 다른 방법은 뒤에 다룰 것이다. 단위 부피당 질량을 나타내는 밀도와 마찬가지로, 물체를 많은 원자나 분자로 구성된 것으로 간주하는 한 온도는 물질의 양이나 공간의 크기와는 무관한 속성이다. 전체 질량 또는 부피처럼 물질의 양에 직접적으로 의존하는 크기extensive 특성과는 다른 이러한 특성을 세기intenisive 특성이라고 한다.

압력은 온도보다 조금 더 쉽게 정의할 수 있다. 압력은 단위 면적당 힘으로, 예를 들어 어떤 해발고도에서 지구의 중력이 작용하여 1파운드의 질량이 1제곱인치의 면적에 가하는 힘이다. 마찬가지로, 해수면에서 대기가 지구 표면에 가하는 단위 면적당 힘을 압력의 또 다른 척도로 사용할 수 있다. 부피는 더 이해하기 쉬운 개념으로, 어떤 것이든 그것이 차지하고 있는 전체 공간의 크기이다. 예를 들어 세제곱인치 또는 세제곱센티미터로 측정할 수 있다.

이제 열역학에서 변수로 다루는 좀 더 미묘한 특성을 다루고자 한다. 온도는 열의 강도를 측정한 것이라고 했는데, 그렇다면 열의 양quantity은 어떻게 측정할까? 고전적인 방법은 열이 어떤 식으로 물의 온도를 변화시키는가를 측정한다. 1칼로리는 물 1세제곱센티미터(cc)의 온도를 정확히 섭씨 1도 올리는 데 필요한 열량이다. 앞으로 보게 되겠지만, 열의 양은 에너지의 한 형태의 양이다. 그것은 변화하지 않는 시스템의 특성, 또는 하나의 물체에서 다른 물체로 전달되는 에너지의 형태에 포함될 수 있는 것으로, 다시 말하면 원천source과 수신처receiver 또는 흡입처sink 사이에서 교환되는 에너지의 양이다. 열량은 보통 Q로 표시한다.

다음으로, 열역학이 만들어지는 과정에서 동기가 되었던 개념 중 하나인 일work에 대해 생각해보자. 전통적인 고전역학에서 일은 힘의 영향을 받아 무언가를 움직이는 과정이다. 자동차를 가속하거나 흙이 담긴 삽을 들어올리거나 백열등의 필라멘트와 같은 일종의 저항 매체를 통해 전류를 흘리는 것 등이 모두 일이다. 삽을 들어올릴 때의 중력, 자동차를 가속할 때의 관성처럼 힘에 대항하는 것이 있는 한, 그 힘이 무엇이든 일의 원천과 저항의 원천 사이에서 에너지가 교환되어야 한다. 즉 일은 무언가를 구체적으로 이루기 위해 사용되는 에너지이다. 엔진에서 피스톤을 움직일 때처럼 관성에 대한 일과 함께 마찰에 대한 일이 포함될 수 있다. 일은 통상 W로 표기한다. 일을 계산할 때는 항상 특정한 과정, 중력에 반해서 무거운 것을 들거나 나무판자에 못을 박거나 필라멘트를 통해 전자를 전달하는 등의 과정을 표현하게 된다. 엔진으로 가속하는 비행 물체나 어린이가 날리는 풍선의 예에서 보듯, 일은 열과 마찬가지로 어떤 원천에서 '흡입처'에 가해지는 일종의 에너지이다.

일은 매우 질서 정연하게 교환되는 에너지이다. 엔진의 피스톤을 생각해보라. 피스톤을 가속하기 위해 일이 가해지면, 피스톤의 모든 원자가 함께 움직인다. 피스톤의 온도는 유지되거나 변할 수 있지만, 피스톤 자체는 그대로이다. 반면에 피스톤을 움직이지 않고 가열하면 온도가 상승함에 따라 피스톤을 구성하는 개별 원자가 더 활발하게 움직인다(이를 어떻게 알게 되었는지는 3장에서 열역학 개념의 역사를 살펴볼 때 다시 다룰 것이다). 여기서는 일단 열은 매우 무작위적이고 무질서하게 전달되는 에너지인 반면, 일은 매우 질서 있게 전달된다는 것만 알고 넘어가자. 물론 실제 시스템이나 기계가 일을 할 때는 작동 장치에 투입되는 에너지 중 일부가 특히 마찰과 열 손실로 버려지게 된다. 예를 들어 피스톤을 움직이려면 관성뿐만 아니라 피스톤과 실린더 사이에 생기는 마찰도 극복해야 한다는 사실을 인정해야 한다. 이렇게 '버려지고' 원치 않는 상황이 존재하지 않는 이상적인 시스템을 생각하는 것이 개념적인 목적에는 종종 유용하다. 이런 이상화는 물리적 과정을 단순화하여 이해하고 분석하기 쉽게 만드는 유용한 방법이기도 하다. 3장에서 프랑스 공학자 사디 카르노의 업적을 살펴볼 때 이런 이상화가 도입된 예를 보게 될 것이다.

처음부터 염두에 두어야 할 중요한 사항 중 하나는 열과 일을 같은 단위로 나타낼 수 있다는 사실이다. 열과 일은 에너지의 두 형태로, 열을 측정하기 위해 도입했던 단위인 칼로리, 미터법에서 일의 기본단위인 에르그erg, 또는 줄joule과 같은 몇 개의로 표현할 수 있다(1에르그를 '파리가 팔굽혀펴기 한 번 하는 데 드는 에너지'라고도 한다. 1줄은 1,000만 에르그이다). 하지만 열과 일 모두 기본적으로 속도 v의 제곱에 질량을 곱한 단위, 또는 길이 단위 l의 제곱에 질량을 곱한 후 시간 단위 t의 제곱으로 나눈 단위로 표현한다. 대괄호를 사용하여 $[Q]=[W]=[ml^2/t^2]$의 '차원dimension'이라고 간결하게 표현할 수 있다. 여기서 '차원'은 물리적 특성 중 하나이다. 가장 자주 접하는 차원은 질량, 길이, 시간이지만 전하와 같은 것들도 있다. 속도는 단위 시간당 움직인 거리, 즉 거리/시간, l/t이기 때문에 이러한 차원을 속도 v를 써서 $[Q]=[W]=[mv^2]$처럼 표현할 수 있다. 이런 차원들을 사용할 때 길이는 센티미터나 인치, 질량은 그램이나 킬로그램,

또는 파운드와 같은 양적 단위를 쓴다. 속도는 길이와 시간이라는 두 기본 차원을 포함하므로 시간당 마일 또는 초당 센티미터와 같은 단위로 측정한다.

열과 일은 항상 어떤 과정과 관련한 에너지 형태이므로 **과정변수**process variable라고 한다. 반면 온도, 압력, 질량, 부피는 시스템의 상태(원칙적으로는 평형에 있는)를 나타내므로 **상태변수**state variable라고 한다. 앞으로 이 개념들을 사용하고 서로 관계지을 것이다.

두 양이 비교 가능하려면 동일한 차원으로 표현되어야 하며, 비교를 위해서는 당연히 동일한 측정 척도, 동일한 단위로 표현해야 한다. 길이가 인치 또는 미터로 동일하게 표시되면 비교할 수 있지만 하나는 인치, 다른 것은 미터 또는 광년으로 표시되면 공통 단위로 변환되기 전까지는 비교할 수 없다. 각각의 차원에는 고유한 단위들이 있다. 길이의 단위는 인치, 센티미터, 킬로미터 등 다양하게 선택할 수 있다. 예를 들어 거리를 시간으로 나눈 차원, 즉 [l/t]인 속도는 시간당 마일 또는 초당 미터로 표시할 수 있다. 에너지를 나타낼 때 쓰는 단위에는 칼로리, 에르그, 줄 등 몇 가지가 있는데, 각각은 어떤 질량 단위에 길이 단위의 제곱을 곱한 후에 시간을 측정하는 단위의 제곱으로 나눈 것이다. 앞으로 구체적인 예를 다룰 때 이 선택지들을 살펴볼 것이다.

이제 아주 중요한 사실에 주목해보자. 고등학교 과학 시간에 질량이 m인 물체가 속도 v로 이동할 때의 운동에너지는 정확히 $\frac{1}{2}mv^2$이라고 배웠을 것이다. 이것은 열, 일, 운동에너지가 공통의 기본 특성, 즉 에너지 형태를 공유한다는 아주 기본적인 개념을 말해주고 있다. 에너지는 우리가 경험하거나 인식할 수 있는 많은 것들을 포괄하는 가장 중요하고 통일된 개념이다. 이 개념이 오랜 기간에 걸쳐 실험과 생각, 논쟁을 통해 진화한 과정을 3장에서 보게 될 것이다(실제로는 당신이 책을 읽는 이 순간에도 계속 발전하고 확장되고 있다). 에너지는 워낙 널리 사용되는 개념이기 때문에 이 책을 읽는 독자들도 에너지가 직관적으로 무엇인지 알고 있다고 가정하겠다. 그 이해가 얼마나 정확하고 정교한지는 여기서 별로 중요하지 않다.

에너지의 특성 중 가장 중요한 것은 아주 다양한 형태로 나타날 수 있다는 사실이다. 석탄 또는 천연가스의 경우 에너지는 화학결합에 저장되며, 부분적으로 열로 변환될 수 있다. 이 과정은 석탄 또는 가스가 연소(쉽게 말하면 그냥 태우는 것)라고 하는 화학반응을 거치면서 탄소 원자들끼리의 결합, 또는 탄소와 수소 원자 사이의 결합이 원래 연료에는 없었던, 산소와의 새롭고 더 강력한 결합으로 대체됨으로써 일어난다. 이런 방식으로 일부 화학에너지를 열로 변환할 수 있다. 또한 열을 사용하여 증기를 만든 다음, 상당히 높은 압력으로 밀어내 터빈의 날개를 돌리면 자석 내의 자기장에서 전선 코일이 회전하면서 전류가 생성된다. 이 방법으로 일부 열에너지를 전기에너지로 변환할 수 있다. 꽤 미묘하고 복잡한 과정이다. 왜냐하면 처음엔 열이었던 에너지가 액체 물을 증기로 변환하고 가열하는 에너지가 됐다가, 다시 터빈의 날개를 회전시키는 기계적에너지가 된 후에 주어진 전압에서 전류가 흐르는 형태로 결국엔 전기에너지가 되기 때문이다. 일상에서 매일 일어나는 이 현상은 에너지가 다양한 형태를 취할 수 있다는 사실을 실제로 보여주는 놀라운 예이다.

이쯤에서 너무나 친숙해서 얼마나 놀라운 자연현상인지 종종 인식하지 못하는 열역학 제1법칙을 소개하고자 한다. 제1법칙에 따르면 에너지는 절대로 새로 만들어지거나 파괴될 수 없으며, 한 형태에서 다른 형태로 변형될 뿐이다. 이를 에너지는 보존된다고 표현한다.

다음으로 넘어가기 전에 에너지, 열, 일이라는 열역학 변수에 대해 조금 더 이야기할 필요가 있다. 어떤 시스템이든 변하지 않는 평형상태에 있고, 다른 어떤 것과도 상호작용하지 않고 고립되어 있다면 일부 특성들도 변하지 않는다. 이러한 특성 중 하나가 시스템의 에너지이다. 고립된 시스템의 에너지도 하나의 특성이며, 고립되어 있기 때문에 변할 수 없다. 시스템이 외부와 상호작용할 수 없는 한, 에너지는 시스템의 속성을 적어도 부분적으로는 특징짓는, 변하지 않는 상수이다. 우주 전체를 이런 시스템으로 생각할 수도 있다. 우리가 아는 한 우주 전체와 상호작용하는 다른 것은 존재하지 않으니, 에너지 보존법칙에 따르면 우주의 총 에너지는 변할 수 없다. 우리는 종종 실험에 사용할 수 있는 물체처럼 작은 시스템의 경우, 주변으로부터 고립되어 있다고 가정한다. 예를 들어 물체 주변을 충분히 감싸서 오랫동안 주변과의 접촉이나 상호작용이 실제적으로 전혀 없도록 할 수 있다. 이런 조건에서 물체는 에너지를 잃거나 얻는 식으로 주변 환경과 에너지를 교환할 수 없다. 고립된 물체의 에너지 양은 변하지 않아야 한다. 고립된 시스템의 경우 에너지는 시스템 상태의 특성, 상태변수이다. 모든 고립된 시스템에는 그 고립을 풀어서 다른 어떤 시스템과 상호작용, 정확히 말하면 에너지를 가져오거나 방출할 수 있을 때만 변할 수 있는 정확한 자체 에너지가 있다.

시간이 흘러도 아무것도 변하지 않는 다른 종류의 평형상태를 생각해볼 수 있다. 해당 시스템을 일정한 온도 T로 유지하는 이상화된 장치인 온도조절기와 접촉하는 시스템을 가정해보자. 이때 온도는 이 시스템 상태의 특성이며, 따라서 상태변수이다. 질량 m, 부피 V, 압력 p도 상태변수이다. 질량과 부피와 같은 일부 상태변수는 시스템의 크기와 직접적인 관련이 있다. 시스템 크기를 두 배로 늘리면 질량과 부피도 두 배가 된다. 이런 변수를 크기변수extensive variable라고 한다. 온도, 밀도, 압력과 같은 다른 특성들은 시스템의 크기에 전혀 의존하지 않는다. 이런 변수를 세기변수intensive variable라고 한다. 색상은 빛의 흡수와 에너지 전달에 중요할 수도 있는 또 다른 세기intensive 특성이지만 열역학과는 거의 관련이 없다.

다시 일과 열에 관한 논의로 돌아가보자. 일이란 시스템의 상태와 주변이 함께 변화할 때 우리가 행하거나 시스템이 수행하는 작업이다. 열은 시스템이 주변 환경과 상호작용하며 흡수하거나 방출하면서 교환하는 일종의 에너지이다. 일과 열은 상태변수가 아니라 과정변수라고 했다. 과정변수는 시스템이 한 상태에서 다른 상태로 변화하는 방식을 설명하는 변수이다. 시스템이 상태를 변경할 때는 일이나 열, 또는 두 가지 모두를 주변 환경과 교환한다. 상태변수와 과정변수의 이런 구별은 열역학 제1법칙을 표현하는 효과적인 방법이다. 일과 열은 우리가 알고 사용하는 과정변수 중 두 종류일 뿐이다. 물론 기계적, 전기적, 자기적 일과 같은 더 많은 종류의 일이 있다. 반면 다양한 형태의 따뜻한 물체에서 차가운 물체로 전달될 수 있는 열은 한 종류만 알려져 있다. 일은 에너지를 원천으로부터 피스톤 운동 또는 전류의 생성 및 유지와 같은 매우 특정한 형태로 전달한다. 열은 미시적 수준에서 생각할 때 가장 잘 이해할 수 있다. 거시적 수준에서 시스템의 열량은 시스템의 온도를 결정한다. 하지만 미시적 수준에서 시스템에 포함된 열은 구성 원자와 분자가 무작위적으로 움직이는 정도를 결정한다. 열이 많을수록 이런 작은 입자들의 움직임이 더 활발하다.

시스템에 열을 추가한다고 할 때 통상적으로 열 Q는 양수로 가정한다. 또한 시스템이 일을 수행할 때 우리는 일 W도 양수로 여긴다. 따라서 양수 Q는 시스템의 에너지를 증가시키고 양수 W는 시스템에서 에너지를 빼내어 감소시킨다. 그런데 실제로는 Q를 양수로 여기는 방식은 일반적으로 받아들여지고 있지만, W의 부호에 대해서는 서로 다른 두 가지 방식이 혼용되고 있다. 일부는 양수 W를 시스템에 대하여 일을 했을 때 에너지가 증가하는 경우로 정의한다. 어떤 방식을 따를지를 정하고 일관되게 적용하면 문제는 없다.

열역학 제1법칙과 그 결과를 표현하기 위한 표기법을 소개하고자 한다. 보통 표준 기호 E를 사용하여 에너지, 특히 에너지의 양을 나타낸다. 또 다른 표준적인 표현은 일반적으로 변화를 나타내는 일련의 표기들이다. 일반적으로는 변화량을 나타내기 위해 그리스 알파벳 문자를 사용한다. 어떤 양 X의 매우 작은 변화는 문자 d나 그리스 알파벳 δ(소문자 델타)를 사용하여 dX 또는 δX로 나타낸다. 예를 들면 압력 p의 아주 작은 변화를 dp 또는 δp로 나타낼 수 있다. 이 변화량은 너무 작아서 일반적인 관측으로는 겨우 탐지할 정도이다. X의 관찰 가능한 상당한 변화량은 그리스 알파벳 Δ(대문자 델타)를 사용하여 ΔX로 표시한다. 시스템 부피 V의 큰 변화를 ΔV로 표현하는 식이다. 이런 약간의 표기법으로 제1법칙을 매우 유용한 형식으로 설명할 수 있다.

고립된 시스템에서는 에너지가 상태변수라는 사실과 에너지 보존법칙에 따르면, 시스템이 상태 1에서 상태 2로 이동했을 때 시스템의 에너지 변화를 상태 1과 2의 에너지 차이로 간단히 나타낼 수 있다. 이를 방정식으로 쓰면 다음과 같다.

$$\Delta E = E(2) - E(1)$$

중요한 점은 이러한 에너지 변화는 시스템을 상태 1에서 상태 2로 이동시키는 방법과는 무관하다는 사실이다. 상태 이동을 위해 가열 또는 냉각만 시도하거나 외부와 열을 교환하지 않고 일을 행하거나 추출할 수 있으며, 두 가지 방법을 어떤 식으로든 결합할 수 있다. 시스템을 상태 1에서 상태 2로 이동시킨 방법에 관계없이 에너지 변화는 동일하다. 열을 교환하거나 일을 수행하거나 추출하는 방식이 어떻든 에너지 변화는 E(1)과 E(2)의 차이와 동일한 고정된 양이다. 이 사실을 측정 가능한 에너지 변화에 대한 방정식으로 다음과 같이 쓸 수 있다.

$$\Delta E = Q - W$$

또는 매우 작은 변화에 대해서는 다음과 같이 표현한다.

$$\delta E = \delta Q - \delta W$$

이 방정식들은 열을 추가하거나 추출하는, 시스템이 일을 하거나 시스템에 일을 행하는 방식과 상관없이, 추가한 열과 시스템이 수행한 일의 차이는 초기 상태에서 최종 상태로 변할 때 시스템의 에너지 변화와 정확히 동일하다는 사실을 알려준다. 열역학 제1법칙에 대한 간결한 진술이 바로 이 방정식이다. 예를 들어 이 방정식에 따르면 엔진을 초기 상태 1에서 최종 상태 2로 변환하기 위해 일을 해주거나 추출할 때는, 에너지 변화가 두 상태의 에너지 차이와 정확히 일치하도록 그에 따르는 열 교환이 있어야 한다. 다시 말하자면 에너지를 새로 생성하거나 파괴할 수는 없으며, 에너지의 형태와 위치만을 바꿀 수 있다.

이 원리를 아주 간단한 예로 보여줄 수 있다. 20파운드짜리 추의 에너지는 바닥에 있을 때보다 50피트짜리 막대기의 위에 있을 때 더 높다. 그러나 두 위치에서 추의 에너지 차이는 막대기의 꼭대기로 추를 옮기는 방식과는 아무 상관이 없다. 지상에서 직접 올리거나 고도 100피트 높이의 헬리콥터에서 떨어뜨릴 수도 있을 것이다. 지상 상태와 50피트 높은 상태의 에너지 차이는 이 상태들이 만들어진 방식과는 무관하다는 말이다.

이 사실은 실제 기계가 어떻게 작동하는지에 대해서도 많은 것을 알려준다. 일반적인 자동차를 구동하는 가솔린(휘발유)엔진을 생각해보자. 이런 엔진은 주기적으로 작동한다. 구체적으로 말하면, 각 실린더는 연료와 공기를 흡입한 후 연료를 점화하고, 연소 시 발생하는 열로 가스-공기 혼합물을 팽창시켜 실린더의 피스톤을 밀어내는 주기적 단계를 거친다. 움직이는 피스톤은 연결봉connecting rod을 통해 회전축에 연결되며, 실린더에서 팽창이 일어나 피스톤을 밀면 이 회전축을 밀어 회전시킨다. 회전축의 회전이 궁극적으로 자동차의 바퀴를 움직이게 된다. 복잡한 변환 과정을 거치지만, 중요한 점은 엔진의 각 실린더가 그저 정기적으로 한 순환과정을 거쳐 초기 상태로 돌아가기만 하면 다시 연료와 공기를 흡입할 수 있는 상태가 된다는 사실이다. 순환과정을 거치는 과정에서 휘발유가 공기와 함께 연소하면 화학결합에 저장되어 있던 에너지가 방출되어 열로 변한다. 엔진은 연소된 휘발유-공기 혼합물의 압력을 높여 실린더 속 피스톤을 밀어냄으로써 열을 일로 전환한다. 각 실린더에서 순환과정이 한 번 끝날 때마다, 화학에너지는 열로 변환됐다가 다시 일로 변환되고 피스톤은 원래 위치로 돌아간다.

주변과의 마찰이나 열 손실이 없는 이상적인 엔진이라면 엔진은 초기 상태로 돌아가고 열로 변환된 화학에너지는 가능한 한 많이 일로 바뀌어 자동차 바퀴를 돌리게 된다(여기서 '가능한 한 많이'는 매우 중요한 특징이며, 나중에 중점적으로 논의할 것이다). 이런 엔진은 프랑스 공학자 사디 카르노가 처음 구상한 것으로, 어느 단계에서나 앞뒤로 똑같이 쉽게 움직일 수 있다. 이러한 이상적인 엔진 또는 과정을 가역 엔진 또는 가역 과정이라고 부른다. 가역 과정의 매우 중요한 특성 중 하나는 이 과정이 무한히 느리게 작동할 수 있다는 사실이다. 어떤 시점에서 어느 방향으로나 쉽게 이동할 수 있기 때문에 가역 엔진의 상태는 평형상태와 구별할 수 없거나 평형상태와 동일하다. 이런 가역 과정은 이상적이며 도달할 수 없는 한계로서, 상상할 수 있는 모든 엔진이 수행하는 최고 성능의(도달할 수 없는) 한계이다. 하지만 실제 시스템의 거동으로부터 추론하여 생각해낼 수 있는 한계이기 때문에 그 시스템의 특성과 행동을 정확하게 설명할 수 있다. 무한히 느리게 작동하는 것을 가정하기 때문에 개념적인 한계로만 유용하며, 실제적인 의미는 없다.

물론 실제 엔진은 결코 이상적이고 완벽한 기계가 아니다. 언제나 약간의 마찰이 존재하며, 엔진의 금속 벽을 통해 바깥으로 항상 열 일부가 누출된다. 작동 중인 엔진이 뜨겁게 느껴지는 것은 열 손실이 있다는 증거이며, 엔진이 작동하는 소리를 들을 수 있다는 것은 아주 적지만 열에너지의 일부가 마찰로 발생한

음파로 변환되었다는 사실을 알려준다. 그렇지만 예를 들어 윤활유 같은 것을 사용하여 마찰을 최대한 줄여서 이런 손실을 최소화해볼 수 있다. 할 수 있는 한 이상적인 엔진과 비슷한 실제 엔진을 만들려고 하지만, 실제 엔진은 무한정 느린 속도가 아니라 일정한 속도로 작동해야 한다.

이제 어렴풋이 깨달았겠지만 에너지의 매우 중요하고 본질적인 특성은 그 범위가 매우 넓다는 사실이다. 모든 활동, 모든 과정, 심지어 모든 사물이 에너지 또는 에너지 변화와 관련이 있다. 에너지 개념은 어떤 점에서는 인간 경험의 거의 모든 측면을 포함한다. 다음 장에서 인간의 경험과 자연에 대한 이해가 높아짐에 따라 이 개념이 어떻게 진화하고 발전했는지를 살펴볼 것이다. 지금은 에너지가 놀라울 정도로 다양한 형태로 구별되고, 종종 측정되며, 감지될 수 있는 특성이라는 것만 알면 된다. 빛, 소리, 전기와 자력, 중력, 일정하거나 변화하는 모든 운동, 원자핵을 함께 묶어두는 '접착제', 심지어 질량 자체도 모두 에너지가 발현된 예이다. 게다가 우리가 아직 이해하지 못하는 에너지 형태, '암흑물질'과 '암흑 에너지'로 부르는 것도 있다. 생각해보면 인간 정신이 자연계의 그런 보편적 현상을 인식했다는 사실 자체가 놀랍고 경이로운 일이다.

다음 단계로 가기 위한 몇 가지 기본 개념 뜯어보기

먼저 온도를 생각해보자. 엄밀히 말하면, 온도 개념은 평형에 있는 시스템을 설명하는 속성으로 발전해왔다. 항상 그런 것은 아니지만, 실제로 한 상태에서 다른 상태로 전이 중인 시스템에도 대부분의 경우 적용할 수 있다. 이를 위해 필요한 것은 그 과정이 충분히, 온도값을 알려주는 온도 측정 장치를 설치할 수 있을 만큼 충분히 느려야 한다는 것뿐이다. 온도에 대한 우리의 직관적인 감각은 강도, 특히 시스템이 어느 부분에 얼마나 많은 에너지, 따뜻함이나 차가움으로 인식하는 그러한 형태의 에너지를 포함하고 있는지를 측정한다(관련이 있지만 다른 개념으로 곧 '열'을 다룰 예정이라 '열의 정도 또는 강도' 대신 이런 용어들을 선택했다). 평형에 있는 시스템은 모든 부분의 온도가 동일하다. 시스템이 크든 작든 상관없다. 온도는 시스템의 크기와 무관한 속성이므로 세기특성이다. 세기도 크기도 아닌 특성과 변수는 나중에 언급할 것이다.

열은 주로 시스템의 온도를 변화시키는 에너지 형태이다. 과학에서 말하는 열은 시스템 상태 자체의 특성이 아니라, 상태가 변하는 어떤 것의 에너지 변화와 관련한 특성이다. 앞서 언급한 것처럼, 손실이든 취득이든 변화를 설명하는 특성 또는 변수는 상태변수가 아니라 과정변수라고 한다. 3장에서 살펴보겠지만 열 개념의 역사는 흥미롭다. 본질적으로 열이 무엇인지에 대한 양립할 수 없는 두 가지 관점이 있었다. 하나는 열을 '칼로릭caloric'(열소)이라고 부르는 실제 유체fluid로 보았다. 다른 관점은 열을 물질을 구성하는 작은 입자들의 운동 강도를 측정하는 척도로 생각했다. 두 개념이 진화하면서 열과 원자 구조의 아이디어가 연결되기는 했지만, 이 두 번째 관점은 물질의 원자 구조가 명확하게 확립되기 전에 나타난 것이다(물론 물질이 원자로 구성되어 있다는 개념은 고대 그리스의 데모크리토스와 루크레티우스를 기원으로 하지만, 그 개념은 몇 세기 동안 논쟁거리였다).

오늘날 우리는 열과 온도를 물질의 기본 구성 요소인 원자와 분자의 운동 관점에서 해석한다. 온도는 각 기본 성분의 평균 운동, 특히 원자와 분자의 무작위 운동의 구체적인 척도이다. 열은 원자와 분자의 무작위 운동을 직접적으로 변화시키는 에너지 형태이다. 물질이 특정 파장의 빛을 흡수하는 경우, 대부분의 전형적인 상황에서 빛 에너지는 자신을 흡수하기 위한 안테나 역할을 하는 특정 원자 또는 분자 구조에 집중되었다가 다양한 운동과 시스템에 존재할 수 있는, 고르게 분포된 다른 에너지 형태로 빠르게 변환된다. 예를 들어 햇빛이 피부를 따뜻하게 할 때 이런 일이 일어난다. 가시광선, 자외선, 적외선 영역의 태양복사 에너지가 몸에 닿으면 피부가 그 태양복사를 흡수하여 피부와 근육을 구성하는 원자의 움직임으로 변환하고, 우리는 따뜻함을 느낀다. 에너지가 모든 장소에 가능한 한 고르게 분배된 균등분배 상태일 때 시스템이 평형상태가 되었다고 한다. 특정 온도에서 시스템의 어떤 부분이든 평균 에너지는 시스템에서 서로 연결된 부분의 에너지와 동일하다. 그러나 앞으로 보게 되겠지만 온도가 일정할 때 일정하게 유지되는 것은 평균값이며, 시스템의 작은 부분에서 에너지의 양은 실제로 무작위적으로 변동을 거듭한다. 다만 이러한 변화는 특정한 확률분포를 따른다.

에너지의 변화와 그에 따른 시스템 상태의 변화를 표현할 수 있는 다른 특성은 일이다. 피스톤이 움직여 회전축을 밀면 피스톤의 모든 원자들이 그 작업을 달성하기 위해 함께 움직인다. 추진력에 대한 저항이 있으면 피스톤과 추진력에 저항하는 것 사이에서 에너지가 교환되어야 한다. 이 에너지는 피스톤이 속한 시스템에서 나와 추진에 저항하는 다른 시스템으로 이동해야 한다(공급되는 에너지로 관성과 마찰을 극복해야 한다는 사실을 생각해보라). 이 상황에서, 일이 수행될 때마다 교환되는 에너지는 무작위적인 것과는 매우 다른 방식으로 교환된다. 그런 의미에서 일과 열은 완전히 다르며, 일은 에너지가 시스템에 들어오고 나가는 또 다른 방법이다. 열은 가능한 한 가장 무작위적으로 분배되는 교환 에너지이며, 일은 가능한 한 가장 무작위적이지 않게 분배되는 교환 에너지이다. 물론 실제 시스템에서는 에너지가 초기 형태에서 의도된 일로 완전히 변환되는 것을 막는 마찰과 다른 형태의 '손실'이 항상 존재한다. 그럼에도 불구하고, 이러한 손실이 없는 이상적인 엔진을 상상하고, 실제 시스템을 점점 향상시켜가며 그 시스템의 자연스러운 한계로서 이상적인 예를 사용하여 이론적 아이디어를 구축할 수 있다. 이상적인 가역 엔진은 일종의 이상적인 시스템이다.

저장 및 전달될 수 있는 에너지 형태를 **자유도**degrees of freedom 개념을 통해 설명할 수 있다. 한 방향으로 움직이는 물체는 그 방향의 운동에 해당하는 단일 자유도의 운동에너지를 갖는다. 테니스공은 공간에서 3개의 독립적인 방향으로 움직일 수 있기 때문에 3개의 자유도, 정확하게 말하자면 3개의 **병진**translational 자유도를 갖는다. 테니스 코트의 바닥처럼 평면으로 제한한다면 2개의 병진 자유도를 가질 것이다. 하지만 테니스공은 회전도 할 수 있다. 3차원 개체로서 3개의 서로 다른 축을 중심으로 회전할 수 있으므로 3개의 **회전**rotational 자유도를 갖는다. 둘 이상의 원자로 구성된 전형적인 분자도 이런 식으로 원자의 진동을 나타낼 수 있다. 원자는 분자의 기본 구조를 유지하면서 서로 가까워지거나 멀어질 수 있다. 따라서 **진동**vibrational 자유도가 존재한다. 테니스공과 마찬가지로 분자는 공간에서 회전할 수 있으므로 회전 자유도를 갖는다. 모든 자유 입자, 모든 원자에는 고유한 3개의 병진 자유도가 있다(여기서는 자유 입자가 회전할 수 있다는 가능성을 무시한다). 원자들이 분자 또는 더 큰 물체를 만들기 위해 서로 붙어 있을 때, 자유도의 성격은 변하지만 에너지가 분배되는 방법이나 장소를 나타내는 총 자유도는 일정하게 유지된다. 다시 말해, 총 자유도는 시스템을 구성하는 입자 수의 3배이다.

n개의 원자로 만들어진 분자와 같은 복잡한 물체는 총 3n의 자유도를 갖지만, 그중 3개의 자유도만이 질량 중심의 운동을 설명하는 병진 자유도이다. n개의 원자가 비교적 안정적인 물체로 결합되어 있기 때문이다. 3개의 병진 자유도 외에도 분자는 3개의 회전 자유도를 가지며 나머지 3n-6개는 진동 자유도이다. 예를 들어 2개의 수소 원자와 1개의 산소 원자를 생각해보자. 이들이 모두 자유롭게 움직일 때 각 원자는 3개씩, 총 9개의 병진 자유도를 가지고 있다. 반면에 2개의 수소가 1개의 산소에 결합되어 물 분자를 만들면, 이 시스템은 x, y, z 방향으로 질량 중심의 운동에 해당하는 3개의 병진 자유도만 갖는다. 하지만 3개의 방향 각각에 대한 회전에 해당하는 3개의 회전 자유도와 함께 O-H 결합의 대칭적인 신축 운동, 하나의 결합이 늘어날 때 다른 결합이 수축하는 비대칭 신축 운동, 굽힘 진동에 해당하는 3개의 진동 자유도도 있다. 따라서 결합된 시스템에는 3개의 자유 입자일 때와 수는 동일하지만 종류는 다른 자유도가 있다. 앞으로 이 개념을 여러 가지 방법으로 사용할 것이다.

온도나 압력과 같은 일부 상태변수는 방금 본 것처럼 시스템의 크기와 무관하며, 세기변수라고 한다. 질량, 부피, 에너지, 엔트로피와 같이 가장 잘 알려진 다른 변수는 시스템의 크기, 즉 해당 시스템을 구성하는 물질의 양에 직접적으로 의존한다. 이러한 변수를 크기변수라고 한다. 기본적인 논의를 위해서는 평형상태에 있다고 가정할 수 있는 시스템을 설명하는 데 이 변수들을 함께 사용한다. 이런 시스템의 상태변수들은 우리가 관찰하는 시간 내에서는 변하지 않는다(아래에 설명할 중력에너지의 예에서 보듯, 2개의 상호작용하는 물체의 질량의 곱에 의존하므로 물질의 양에 2차quadratic로 비례하는 다른 종류의 변수도 있다).

일상생활에서 만나는 열역학은 세기와 크기변수로 거의 대부분 설명할 수 있다. 그러나 에너지의 많은 부분이 중력인 은하단의 거동을 열역학으로 설명하는 경우, 중력에너지가 지구와 태양과 같은 두 물체의 질량의 곱에 의존하기 때문에 세기와 크기변수만 사용할 수는 없다. 그래서 열역학을 사용하여 은하계나 태양계 등을 설명하려는 천문학자들이 이런 시스템을 다루기 위해 비크기nonextensive 열역학이라는 분야를 발전시켰다. 하지만 우리의 논의에서는 거의 전적으로 기존의 열역학과 두 종류의 변수 범위 내에 머물 수 있을 것이다.

요약

열역학 제1법칙이 어떻게 말로 표현될 수 있는지를 알아보았다. 에너지는 결코 생성되거나 파괴될 수 없으며, 형태와 위치만 변할 수 있다. 이 법칙을 아주 간단한 방정식으로 표현하는 법도 알아보았다.

$$\Delta E = Q - W$$

이 식은 어떤 시스템의 에너지 변화 ΔE는 시스템이 받은 열 Q에서 시스템 자체가 외부에서 수행한 일 W를 뺀 것과 정확히 같다는 것을 말해준다. 초기 상태에서 최종 상태로의 시스템 에너지 변화는 두 상태의 에너지 차이에만 의존하고, 상태 간에 이동하는 경로에는 의존하지 않는다. 시스템이 닫힌 순환과정을 거쳐 초기 상태로 되돌아가면 시스템의 에너지 변화는 없다. 이는 우리가 우주 어디에서나 유효하다고 믿는, 에너지가 취할 수 있는 모든 형태를 설명하는 법칙이다. 열, 일, 전자파, 중력, 질량 등 에너지가 취할 수 있는 모든 형태를 생각해보면, 이 법칙이 얼마나 놀랍고도 멋진 선언인지를 깨닫게 된다.

2

왜 시간을 거슬러 돌아갈 수 없는가?

제2법칙과 제3법칙

열역학 제2법칙은 제1법칙과는 매우 다르다. 제1법칙은 변하지 않는 것, 특히 전체 에너지 또는 다른 세상과는 닫혀 있는 우주의 특정 부분의 에너지 양에 관한 것이다. 제2법칙은 일어날 수 없는 일에 관한 것으로, 일어날 수 있는 일과 없는 일을 구별함으로써 시간의 방향을 보여준다.

명시적으로 제2법칙이 처음으로 공식화된 것은 특정한 과정이 불가능하다는 3개의 구두 선언이었다. 1850년에 독일 물리학자이자 수학자인 루돌프 클라우지우스는 주기적으로 작동하는 어떤 엔진도 일을 하지 않고는 열을 차가운 물체에서 따뜻한 물체로 옮길 수 없다고 주장했다. 쉽게 말하면, 냉장고는 자연적으로 작동할 수 없다. 다음해에 켈빈 경으로 알려진 영국 과학자 윌리엄 톰슨은 주기적으로 작동하는 어떤 엔진도 일정한 온도의 열원으로부터 추출한 열을 전부 일로 변환할 수는 없다고, 조금 다르게 표현했다. 세 번째 선언은 1909년, 콘스탄티노스 카라테오도리가 했는데, 어떤 면에서는 이전 것들보다 일반적이고 특정 과정과 관련이 적다고 할 수 있다. 닫힌계closed system의 모든 평형상태는 아무리 가까워도 열의 전달 없이 자발적 프로세스(또는 자발적 프로세스의 가역적 한계)에 의해 도달할 수 없는 주변 상태가 존재한다. 즉 "이곳에서 그곳으로 갈 수는 없다." 이것은 두 개의 이전 선언을 포함하며, 자발적이거나 제한적인 가역적 과정에 의해 상태 A에서 상태 B로 갈 수는 있지만, 같은 과정으로 B에서 A로 돌아갈 수는 없다는 것을 암시한다. 이것은 매우 근본적인 문제로, 시간의 흐름 속에서 우주는 한 방향으로만 진화한다는 사실을 표현하고 있다. 예를 들어 따뜻한 물체 X와 차가운 물체 Y가 열이 전달되도록 연결된 상태 A가 있을 때, X와 Y가 같은 온도에 도달할 때까지 X는 냉각되고 Y는 따뜻해져서 상태 B에 이르게 된다. 우리는 X, Y와 그 사이의 연결로 구성된 시스템이 둘의 온도가 다른 상태 A에서 X와 Y가 열평형을 이루는 상태 B로 자발적으로 변화할 것을 잘 알고 있다. 반대로, 시스템이 열평형 상태에서 두 개의 다른 온도로 바뀌는 것은 결코 볼 수 없을 것이다.

이제, 열역학 제2법칙에서 가장 중요한 변수가 되는 새로운 기본 개념을 소개할 차례이다. 이 변수는 에너지와 매우 다르며 따라서 관련된 자연법칙도 제1법칙과는 다르다. 새로운 기본 변수는 엔트로피이다. 열역학의 모든 기본 개념 중에서 엔트로피는 확실히 대부분의 사람들에게 가장 친숙하지 않은 개념이다. 엔트로피 개념은 열과 온도 개념이 진화하면서 생겨났다. 구체적으로 말하자면, 엔트로피 개념은 물체 또는 시스템의 온도를 원하는 정도로 변화시키기 위해 얼마나 많은 열이 교환되어야 하는지를 이해하려는 시도에서 생겨났다. 시스템의 온도가 단위 척도만큼 변화할 때 실제로 교환되는 열은 얼마일까? 자연스러운 다음 질문은 '시스템 온도를 섭씨 1도만큼 변화시키기 위해 필요한 절대 최소의 열량은 얼마, 예를 들어 몇 칼로리일까?'이다. 상상할 수 있는 가장 효율적인 엔진은 마찰이나 벽을 통한 주변으로의 손실이 전혀 없으며, 각 단계에서 최소한의 열만을 교환한다.

앞서 살펴본 선언들과는 달리, 가장 광범위하게 쓰이는 제2법칙의 표현은 엔트로피와 관련이 있다. 단위 온도 변화에 따라 실제로 교환되는 열의 양을 측정하는 척도로 표현되는 엔트로피는, 모든 물질의 특성인 **열용량**heat capacity 또는 특정한 기본 질량 단위에 해당하는 물질의 특성인 **비열**specific heat과 매우 밀접한 관련이 있다. 정확하게 정의하면, 물질의 열용량은 온도 T를 1도 증가시키기 위해 흡수해야 하는 열의 양이다. 마찬가지로 해당 물질의 비열은 한 단위 질량의 온도를 1도 올리는 데 필요한 열량이다. 일반적으로 둘 다 온도 C 또는 K당 칼로리 단위로 표시한다. 여기서 K는 켈빈 경의 이름에서 비롯된 켈빈 온도 단위이다. 몇 도가 아니라 켈빈이라고 부르는 이 측정 단위는 섭씨 온도와 동일한 간격이지만 영점에 해당하는 것은 물리적으로 유의미한 가장 낮은 온도이며, 시스템에서 더 이상의 에너지를 추출하는 것이 전혀 불가능해서 도달할 수 없는 지점이다. 즉, 0K에서 에너지는 0이다. 종종 절대영도라고 불리는 이 점은 섭씨 −273도 바로 밑에 해당한다. 따라서 섭씨 0도는 기본적으로 273K이다(열역학 제3법칙을 다룰 때 켈빈 척도로 다시 돌아오겠다). 이제 엔트로피 개념을 논의하기 위해 열용량과 비열을 다시 살펴보자.

물체의 열용량은 당연히 크기에 따라 달라진다. 물 1쿼트quart의 열용량은 1파인트pint 열용량의 두 배이다(1쿼트는 2파인트에 해당한다 – 옮긴이). 물질의 양과 무관하게 온도에 따른 변화를 나타내기 위해서 물질의 단위 질량당 열용량인 비열을 사용한다. 물의 비열은 물 1그램 또는 1세제곱센티미터의 온도를 섭씨 1도 올리는 데 필요한 1칼로리이다. 비열은 대상의 크기에 의존하지 않는 세기특성이고, 열용량은 물체의 질량에 비례하는 크기특성이다. 따라서 물 1그램의 열용량은 비열과 동일하지만 물 5그램의 열용량은 섭씨 1도당 5칼로리이다. 열역학 개념의 진화에 있어서 비열 및 열용량의 역할에 대해 다음 장에서 살펴볼 것이다. 전형적인 비열은 헬륨 약 1.2칼로리에서부터 에틸알코올 약 0.5칼로리, 철 0.1칼로리, 금과 납 0.03칼로리 등 훨씬 작은 값까지 다양하다. 금속의 온도를 높이기 위해 필요한 열의 양은 보통 아주 적다.

여기서 언급할 수 있는 특이한 사실은 비열과 열용량이, 가열 또는 냉각하는 특정 과정의 제약 조건에 의존한다는 사실이다. 특히, 일정한 압력으로 시스템을 가열하는 것과 부피를 고정하고 가열하는 것에는 차이가 있다. 압력이 일정하면 열을 추가하거나 추출할 때 시스템의 부피가 변할 수 있다. 이는 과정 중에 약간의 일이 따른다는 것을 의미하므로 두 조건에서 열용량과 비열을 구별해야 한다.

물질이 에너지를 열로 흡수하거나 방출할 때 엔트로피 변화를 ΔS로 표현하는데, 여기서 S는 엔트로피에 일반적으로 사용되는 기호이고, Δ는 '변화'를 의미하는 기호이다. Δ를 사용하여 상당한 변화나 관찰 가능한 변화를 나타내고, δ를 써서 아주 작거나 무한히 작은 변화를 나타낸다. 시스템이 약간의 열 δQ를 흡수하여 상태 변화를 겪을 때 엔트로피 변화 δS는 δQ/T보다 크거나 같아야 한다. 공식으로 표현하면 $\delta S \geq \delta Q/T$라고 쓸 수 있다. 엔트로피 변화는 시스템의 단위 온도당 교환되는 열의 양보다 크거나 같아야 한다. 따라서 주어진 열 교환에 대해서 엔트로피 변화는 일반적으로 높은 온도보다 낮은 온도에서 더 크다.

저온에서 약간의 열이 입력되면 고온일 때보다 새로 접근할 수 있는 상태의 수가 크게 달라지며, 엔트로피는 시스템이 도달할 수 있는 상태의 수가 결정한다고 할 수 있다.

열역학 제2법칙을 기술하는 정량적 방법은 제1법칙을 나타내는 등식 방정식과는 달리 부등식 방정식으로 표현되어 있다. 하지만 방정식은 엔트로피가 무엇인지 유용하고 정확한 방식으로 알려주지 않는다. 단지 엔트로피가 어떤 방식으로든 제한되어 있고, 그 변화는 시스템이 에너지를 열로 흡수하거나 방출할 수 있는 용량에 의해 결정되는 한계보다 낮을 수 없으며, 열 교환이 일어나는 온도에 반비례하여 시스템이 존재할 수 있는 방법의 수에 따라 달라진다는 것을 알려줄 뿐이다. 하지만 부등식 관계만으로도 엔트로피가 무엇을 말해주는지를 유추할 수 있다. 물질이 δQ의 열량을 흡수하고 모든 열이 물질의 열용량에 따라 물질의 온도를 상승시키는 데 쓰였다면, 그 과정은 δQ/T와 정확히 동일한 엔트로피 변화 δS를 갖는다. 만약 일부 열이 주변으로 누출되어 빠져나가면 엔트로피 변화는 δQ/T보다 크다. 그러므로 엔트로피는 어떤 식으로든 낭비되거나 의도하지 않았거나 무질서한 것을 반영 또는 측정하는 것이다.

온도가 엔트로피에 미치는 영향을 간단한 예를 통해 볼 수 있다. 일정한 열용량을 갖는 기체의 경우, 엔트로피는 절대온도 T의 로그함수 형태로 증가한다. 따라서 엔트로피는 절대온도가

10배 증가할 때마다 2배씩 증가한다. 온도가 1K에서 10K로 올라갈 때도, 100K에서 1000K로 올라갈 때도 2배만 커진다! 온도가 낮을수록 주어진 온도 상승(도 단위)이 미치는 영향은 커지고 시스템의 엔트로피도 증가한다. 뜨거운 시스템은 본질적으로 더 무질서하고 차가운 시스템보다 엔트로피가 더 높기 때문에, 이미 무질서한 뜨거운 시스템의 온도가 약간 상승한다 해도 더 무질서해지지는 않는다.

지금까지 '엔트로피'라는 단어를 써서 그 특성 중 일부를 설명하기 시작했지만, 아직 엔트로피가 무엇인지 말하지는 않았다. 엔트로피의 정체를 알기 위해서는 일상적으로 관찰 가능한 거시적 세계와 원자와 분자의 미시적 세계를 연결해야 한다. 거시적 수준에서는 친숙한 거시적 특성, 일반적으로 온도, 압력, 밀도, 질량, 부피 등으로 시스템의 상태를 설명한다. 실제로, 거시적 시스템의 평형상태는 이러한 변수의 일부에만 특정 값을 할당해도 고유하게 지정할 수 있다. 그 정도면 다른 모든 상태변수를 결정하기에 충분하다. 왜냐하면 물질의 상태변수들은 각 물질에 대한 고유한 방정식인 **상태방정식**equation of state으로 서로 연결되어 있기 때문이다. 상태방정식은 단순화된 모형에 대해서는 간단하지만, 증기 터빈의 증기와 같은 실제 시스템에 대한 정확한 정보를 얻기 위해 사용하는 경우에는 매우 복잡할 수 있다.

다음 논의에서, 이러한 상태변수에 의해 특정된 상태를 거시상태macrostate로 부를 것이다. 독립적으로 변할 수 있는 독립변수의 수는 미국의 위대한 과학자이며 예일대학교의 오랜 교수였던 J. 윌러드 기브스가 1875년에서 1878년 사이에 소개한, 모든 과학에서 가장 간단한 기본 방정식이라고 할 수 있는 상의 규칙phase rule(상률)에 의해 결정된다. 이 규칙은 세 가지 대상의 관계를 다룬다. 첫째는 우리가 알고자 하는 자유도 f로, 같은 종류의 시스템을 유지하면서 변화시킬 수 있는 대상의 수이다. 자유도는 둘째 값인 시스템의 물질 또는 성분의 수 c와 셋째 값인 평형에서 공존하는 특정 구조의 액체, 기체, 고체와 같은 상phase의 수 p에 의해 직접적이고 간단하게 결정된다. 이들의 관계를 수식으로 표현하면 다음과 같다.

$$f=c-p+2$$

곱셈 하나 없다! 덧셈과 뺄셈으로만 이루어진 식이다. 나중에 이 심오한 방정식에 대해 더 깊이 다룰 예정이다. 여기서는 거시적 물질의 모든 상에는 두 개의 상태변수 값만 지정하면 다른 모든 변수의 값이 정해지는 관계식, 즉 상태방정식이 있다는 사실만 알면 된다.

어떤 물질이든 고체, 액체, 기체 형태에 대한 상태방정식은 일반적으로 서로 다르다(일부 고체 물질은 온도와 압력 조건에 따라 여러 형태를 띨 수 있다. 이 경우에도 각 형태는 독자적인 상태방정식을 갖는다). 이 모든 방정식 중 가장 간단한 것은 아마도 이상기체ideal gas에 대한 상태방정식일 것이다. 이상기체의 상태방정식은 특수한 경우지만 실제 현상을 매우 잘 근사해서 기체의 거동을 기술할 수 있어 유용하다. 이 방정식은 압력 p(상의 수 p와 혼동하지 말 것), 부피 V, 가장 낮은 점이 절대영도로 정의되는 절대온도 T와의 관계를 다룬다. 관계식은 일반적으로 '기체상수gas constant'라고 부르는 자연 상수 R, 그리고 물질의 양을 측정하는 단위로서 개별 입자 또는 천 단위보다 훨씬 더 큰 수로 기체를 구성하는 원자나 분자의 수를 나타내는 몰mole수를 포함한다.

1몰은 대략 6×10^{23}개에 해당하며 본질적으로 한 질량 척도에서 다른 질량 척도로의 변환을 나타낸다. 원자 질량 척도에서, 수소 원자 하나의 질량은 1, 즉 1원자질량단위atomic mass unit이다. 6×10^{23}개의 수소 원자를 모으면 1그램이 된다. 따라서 6×10^{23}을 원자질량단위와 그램 사이의 변환 계수로 생각할 수 있다. 2.2파운드가 1킬로그램에 해당하는 것과 같다. 6×10^{23}을 아보가드로 수라 하며 N_A로 표시한다. 기체의 몰수는 n으로 표시한다. 1몰에 해당하는 물질의 양에 대한 감을 잡기 위해 물 H_2O를 생각해보자. 분자량이 18원자질량단위인 물 1몰은 18그램이다. 18그램의 물은 18세제곱센티미터 또는 약 1.1세제곱인치를 차지한다. 다시 말해 18세제곱센티미터의 물에는 6×10^{23}개의 분자, 즉 1몰의 물 분자가 들어 있다.

따라서 이상기체의 상태방정식은 다음과 같이 쓸 수 있다.

$$pV = nRT$$

대부분의 다른 상태방정식은 훨씬 더 복잡하다. 증기 터빈과 같은 것들과 관련하여 엔지니어들이 정기적으로 사용하는 증기 상태방정식을 쓰면 몇 페이지에 걸칠 것이다. 중요한 것은 모든 물질의 모든 상태에는 고유의 상태방정식이 있고, 그 방정식들에서 우리가 원하는 거시적 변수의 값을 임의의 두 가지 사실에서 추론할 수 있으며, 원하는 변수가 크기변수인 경우에는 물질의 양을 알면 된다는 사실이다. 나중에 이 주제로 돌아와 이 방정식을 도출해볼 것이다(몰 개념을 사용하는 대신에 입자들을 개별적으로 다루려면 방정식을 $pV = NkT$ 형태로 쓸 수 있다. 여기서 N은 원자 또는 분자 수를 나타내고, k는 볼츠만상수로 알려진 값이다. 따라서 기체상수 R은 아보가드로 수에 볼츠만상수를 곱한 $R = N_A k$이다).

이제 우리는 엔트로피가 무엇인지 탐구를 시작할 수 있다. 어떤 시스템의 모든 거시적 상태, 즉 적절한 상태방정식의 변수들로 정해지는 상태는 구성 원자나 분자의 위치와 속도 면에서 수많은 방식으로 나타날 수 있다. 모든 구성 입자의 위치와 속도가 지정되는 개별 조건을 **미시상태**microstate라고 한다. 원자나 분자들이 움직이면서 서로 간에 또는 용기의 벽과 충돌함에 따라 기체와 액체의 미시적 상태는 지속적으로 변화한다. 어떤 방법을 써서 거시적 상태를 관찰하더라도 시스템이 수많은 미시적 상태를 거칠 정도의 충분한 시간이 필요하기 때문에, 거시적 상태를 관찰하는 것은 실제로는 미시적 상태들의 시간 평균을 관찰하는 것이다. 우리가 있는 방의 공기 중 산소와 질소 분자는 끊임없이 변하며 계속 움직이므로 미시적 상태 또한 지속적으로 변한다. 하지만 우리는 방의 공기가 일정한 온도와 압력을 유지하면서 변화가 없는 거시적 상태에 있다고 여긴다.

미시적 상태에서는 임의의 동일한 입자 두 개가 교환될 수 있다. 우리는 그런 교환이 있는 상태와 없는 상태를 두 개의 독립된 미시적 상태로 다룰 것이다. 그렇지만 두 경우 모두 동일한 거시적 상태를 나타낸다. 거시적 상태 또는 **거시상태**macrostate의 **엔트로피**는 우리가 그 거시적 상태에 해당하는 것으로 인식하는 서로 다른 미시상태의 수에 관한 척도이다. 거칠게 말하자면, 엔트로피는 우리에게는 같아 보이지만 모든 구성 원자가 얼마나 많은 방법으로 존재할 수 있는가에 관한 척도라고 할 수 있다. 예를 들어, 실내 공기 분자의 미시적 상태는 현재 온도 및 압력과 일치하는 모든 분자의 가능한 위치와 속도이다. 이러한 미시적 상태의 수는 너무 많기 때문에 시스템이 도달할 수 있는 실제 미시상태의 수를 사용하는 대신 해당 수의 로그 값logarithm을 사용한다. 로그는 아주 큰 수를 다루는 상황에서 매우 편리하다. 지수는 어떤 수의 로그 값이며, 주어진 수를 생성하기 위해 기준이 되는 수인 밑base의 거듭제곱이다. 가장 일반적인 3개의 밑은 10, 2, 그리고 약 2.718인 '자연상수' e이다. 밑이 10인 로그를 'log'로 쓰며, $10^2=100$이므로 2는 log(100)이다. 밑이 e인 로그는 일반적으로 '자연로그natural logarithm'를 의미하는 'ln'으로 쓴다. 밑이 2인 로그는 종종 $\log_2(\ )$로 쓰며, $2^3=8$이므로 $\log_2(8)=3$이다. 이 주제에 대해서는 엔트로피와 관련하여 다음 장에서 더 자세히 논의할 것이다.

정확하게 정의하면, 엔트로피는 특정한 거시적 상태에 해당하는 미시적 상태의 수에 대하여 밑이 e로 주어지는 자연로그 값이다. 물론 미시적 상태는 원자 운동의 시간 척도에서는 지속적으로 변하지만 열역학적 평형상태에 있는 시스템을 관찰할 때는 하나의 일정한 거시적 상태만 관찰한다. 거의 모든 거시적 상태는 관찰하는 동안 시스템이 거치는 수많은 미시적 상태에 대한 일종의 시간 평균이다. 우리가 일정한 온도와 압력에서 변화 없는 공기 속에 앉아 있다고 느끼는 동안 실내의 산소와 질소 분자는 비록 무작위적이지만 지속적으로 빠르게 움직이고 있다.

로그 값은 어떤 속성의 단위가 아닌 순수한 수이다. 하지만 실제 사용을 위해 엔트로피를 물리적 단위로 나타내는데, 일반적으로 열용량을 나타내는 단위와 동일한, 단위 온도당 에너지를 사용한다. 단위 몰수에 대한 엔트로피 단위는 자연로그 값에 기체상수 *R*을 곱하거나, 각 분자당(시스템이 독립 원자들로 구성된 경우에는 각 원자당) 엔트로피의 경우에는 훨씬 작은 상수, 기체상수 *R*을 아보가드로의 수 N_A으로 나눈 볼츠만상수 *k*를 사용한다. 열역학 제2법칙에서는 암묵적으로 엔트로피에 이러한 단위가 있는 것으로 설명한다.

이제 서로 다른 방식으로 제2법칙을 표현해보자. 첫 번째 방식은 이렇다. 자연의 모든 시스템은, 상태를 변경하는 과정에서 어떤 일도 수행되지 않는다면, 낮은 엔트로피 상태에서 더 높은 엔트로피 상태로(미시상태가 더 적은 거시상태에서 가능한 미시상태가 더 많은 거시상태로) 이동함으로써 진화한다. 이를 다른 방식으로 말하면, 시스템은 낮은 확률 상태에서 높은 확률 상태로 자연스럽게 진화한다고 할 수 있다. 기체는 부피가 증가하면 팽창하는데, 그것은 기체 분자가 작은 부피에서보다 큰 부피에서 거시적 평형상태에 있을 수 있는 방법이 더 많기 때문이다. 미시상태가 적은 상태로 가기 위해서는 일을 해야 한다. 다시 말해 에너지를 넣어주어야 한다.

위의 설명보다 덜 일반적인 제2법칙의 또 다른 설명은 다음과 같다. 열의 형태로 에너지를 교환할 수 있는 시스템들은 처음에는 서로 다른 온도에 있어도 궁극적으로는 초기 온도와 열용량에 의해서만 결정되는 어떤 공통 온도에 도달하게 된다. 복합 시스템은 가능한 한 가장 높은 엔트로피 상태로 이동하여 공통 평형상태로 완화된다. 이것이 바로 시스템들이 같은 온도를 공유하는 상태이다. 시스템의 온도가 서로 다른 모든 상태는 엔트로피가 낮다.

여기서 우리는 열역학에 대한 전통적인 거시적 접근 방식에서 통계 기반의 미시적 접근 방식으로 약간 넘어왔다. 열역학은 원래 열, 일, 에너지에 대한 거시적 관점으로 개발되었지만, 통계역학을 기반으로 한 접근법, 즉 복잡한 시스템의 역학적 거동에 대한 통계분석이 도입되자 전통적인 접근 방식과 물질의 원자 구조에 대한 새로운 이해 사이의 관계에 대한 완전히 새로운 통찰과 관점을 제공했다. 자연현상을 설명하는 거시적 수준과 미시적 수준을 이어주는 첫 번째 다리가 통계역학이다. 그리고 바로 제2법칙에서 통계적, 미시적 접근 방식이 가장 큰 새로운 통찰을 제공한다. 세계는 현재 존재하고 있는 낮은 가능성 상태에서 높은 가능성 상태, 즉 가능한 미시상태가 현재보다 더 많아서 존재 방식이 더 많은, 다시 말해 높은 엔트로피를 가진 새로운 상태로 이동한다. 어떤 시스템, 예를 들어 기계와 같은 시스템이 이런 방식을 따르지 않도록 하려면 에너지를 공급하고 일을 수행해야만 한다.

역사적으로, 엔트로피가 처음 도입된 방식은 단위 온도당 교환되는 열량을 기준으로 했다. 특히 엔트로피 변화는 이상적인 가역적 과정을 기준으로 한 제한 조건으로 표현된다. 두 구성 요소가 하나는 높은 온도 T_1에, 다른 하나는 낮은 온도 T_2에 있는 경우 고온의 물체에서 손실된 열 Q_1과 저온의 물체가 얻은 열 Q_2는 이상적인 제한 조건에서 $Q_1/T_1+Q_2/T_2=0$의 관계를 만족시킨다. 자연적인 열 흐름에서 당연히 Q_1은 음수, Q_2는 양수여야 한다. 순수하게 열만 교환되는 과정에서 교환되는 열과 열 교환이 이루어지는 온도의 비율은 엔트로피 변화의 하한값을 나타낸다. 이상적, 가역적 과정이 아니라 실제적인 과정이라면 전체 엔트로피 변화는 온도당 교환되는 열의 비율을 합한 것보다 커야 하며, 온도당 열의 합은 0보다 커야 한다. 이러한 거시적 접근 방식은 실제 엔트로피 변화를 계산하는 방법을 알려주는 것이 아니라, 단지 하한값만 설정한다. 이 관계를 바라보는 또 다른 방식은 방정식을 $Q_1/Q_2=-T_1/T_2$ 형식으로 재배열하는 것이다. 즉, 열 변화 비율은 초기 온도의 비율에 의해 결정된다. T_1이 더 높은 온도이기 때문에, 두 구성 요소가 T_1과 T_2 사이의 공통 온도에서 평형상태가 되면 해당 물체에서 손실된 열은 더 차가운 물체가 얻는 열보다 크다.

다음 장에서는 이 개념이 어떻게 발전해왔는지 우선 거시적 차원에서, 다음에는 미시적 수준의 거동 측면에서 살펴보며 엔트로피의 본질을 더 자세히 논의할 것이다. 아마도 이 개념을 가장 깊고 완전하게 이해하는 데 도움이 될 후자의 핵심은, 적은 수의 미시상태를 갖는 거시상태에서 더 많은 수의 미시상태를 갖는 거시상태로 시스템이 자발적으로 진화할 수 있으며 그렇게 변화할 것이라는, 직관적으로 타당한 아이디어이다. 명백해 보이는 이러한 자발적 거동에 대한 진술을 열역학 제2법칙의 또 다른 선언으로 생각할 수 있다.

1912년 독일 화학자 발터 네른스트(그림 1)가 제시한 열역학 제3법칙으로 이 장을 마무리하고자 한다. 이 법칙은 온도에 대해서는 '절대영도'라고 부르는 절대적인 하한점이 있으며, 실제로 유한한 단계를 거쳐서는 절대영도에 도달할 수 없다고 이야기한다. 실험의 발전으로 실제로는 나노켈빈, 즉 10^{-9}K 정도의 낮은 온도 범위에 도달할 수 있게 되었다. 우리에게 익숙한 온도와는 다른 이런 조건에서 물질은 매우 다르게 행동한다. 예를 들어, 어떤 물질들은 모든 전기 저항을 잃고 '초전도체'로 변한다. 핵이 2개의 양성자와 2개의 중성자로 구성된 헬륨 원자와 같은 물질은 훨씬 더 극적인 변화가 생길 수 있다. 이러한 낮은 온도에서 원자들은 모두 동일한 양자 상태가 되어 '보스-아인슈타인 응축'을 형성한다. 그럼에도 불구하고, 제3법칙에 따르면 적어도 일상생활에서 접하게 되는 거시적 시스템의 경우 절대영도는 무한히 멀리 떨어져 있다.

그림 1 발터 네른스트(스미스소니언 협회 도서관 제공)

절대영도 개념은 에너지 개념과 밀접하게 연결되어 있다. 시스템이 절대영도에 도달하려면 모든 에너지를 잃어야 한다. 하지만 그렇게 되려면 에너지를 받아들일 수 있는 다른 시스템과 접촉해야 한다. 개별 원자 또는 분자에서 모든 내부 에너지를 추출하여 진동이나 회전에 더 이상 에너지를 쓰지 않는 가장 낮은 내부 상태의 분자를 만들 수는 있지만, 분자를 무제한의 공간에서 병진운동조차 하지 않도록 완전히 정지시키는 것은 과

거에는 불가능해 보였다. 그런데 원자가 일종의 상자 또는 함정에 갇혀 있다면 원칙적으로 원자를 상자 내에서 가능한 한 가장 낮은 에너지 상태로 만드는 것이 가능하다. 이는 미시적 시스템을 절대영도로 만드는 것과 같다. 극도로 낮은 온도에서 하나 또는 몇 개의 원자를 실험하는 현대적인 방법을 사용하면, 빛을 사용하여 작은 '상자'에 원자를 가두어 내부 에너지뿐만 아니라 모든 병진 에너지를 제거할 수 있다. 이것이 가능하다면, 미시적 수준에서 유효한 자연과학 법칙과 거시적 시스템에 적용 가능한 법칙 사이의 격차 또는 차이가 입증될 것이다. 현재로서는 열린 질문이지만, 실제로 모든 에너지를 제거하려면 시스템의 크기는 얼마나 작아야 하는가 하는 질문에 답할 수도 있을 것이다(그러나 이러한 논의는 '온도'라는 개념이 단일 원자에 어떤 의미가 있는지에 대해 다소 철학적인 질문을 제기한다). 4장에서 양자역학을 통해서 기술해야 하는 시스템의 열역학을 논의할 때 이 주제를 다시 다룰 것이다.

3

고전적인 열역학은 어떻게 생겨났는가?

열역학의 역사에서 특히 흥미로운 면은 열역학이 생겨나는 데에 자극이 된 것들이다. 20세기 들어, 아마도 그 조금 전부터 기초과학의 개념들이 응용으로 이어져왔다. 상대성이론의 함의에서 원자력과 핵폭탄이 만들어진 것이 명백한 예이다. 마찬가지로, 레이저와 레이저를 사용하는 모든 방법은 양자역학에서 비롯되었고, 트랜지스터는 기본적인 고체물리학에서 나왔다. 이러한 모든 사례는 아이디어와 개념이 기본적인 '순수pure' 과학에서 '응용applied' 과학 및 기술, 새로운 종류의 기기를 만드는 것까지 자연스럽고 일반적으로 흐른다는 것을 보여준다. 그러나 실제로는 근본적인 자극과 그 응용 사이의 흐름은 양방향으로 진행될 수 있으며, 열역학은 응용이 기초를 자극하는 전형적인 예이다.

'기초에서 응용으로' 모델과는 대조적으로 열역학의 기원은 역사적으로 매우 실용적인 문제였다. 예를 들어 내가 광산을 갖고 있는데, 지속적으로 운영하려면 땅속으로 스며드는 물을 빼내기 위한 펌프가 필요하다고 해보자. 물을 빼내지 않으면 범람하기 때문이다. 나는 석탄으로 펌프에 연료를 공급하려 한다. 광산을 운영하기에 충분할 정도로 물을 빼내기 위해 필요한 최소한의 석탄 양은 얼마나 될까? 이것이 바로 열역학 과학으로 이어진 생각에 영감을 준 문제이다. 17세기 후반, 영국 남부 콘월 지역의 주석 광산은 광부들이 채굴할 수 있을 만큼 수위를 낮게 유지하기 위해 거의 일정하게 물을 빼내야 했다. 여기서 우리는 가장 실용적이고 매우 구체적인 질문에 대한 도전이 어떻게 모든 과학에서 가장 일반적이고 기초적인 것으로 이어졌는지, 즉 어떻게 응용에서 기초가 비롯되었는지 볼 수 있다. 곧 살펴볼 열역학 발전의 초기 단계에서도, 우리는 과학의 매우 일반적인 특징에 대한 통찰을 얻을 수 있다. 사실상 자연계의 모든 것에 대해 던질 수 있는 모든 질문은 자연이 어떻게 작동하는지, 우리는 그 새로운 이해를 어떻게 사용할 수 있는지에 관한 새로운 수준의 인식으로 이어질 수 있다. 새로운 아이디어가 착상되거나 새로운 종류의 질문이 제기되는 그 당시에는 미래의 파급효과와 적용 양상에 대해 전혀 알지 못한다.

궁극적으로 열역학 법칙으로 이어진 개념의 역사는 영국의 프랜시스 베이컨(1561~1626)으로부터 시작되어 프랑스의 데카르트(1596~1650)를 거쳐 다시 영국의 보일(1627~1691)로 이어졌으며, 그 이전에 이탈리아에서 갈릴레오(1564~1642)와 함께 시작되었다고도 할 수 있다. 이들은 각자 독립적으로 열을 물리적 성질로 인식한 초기의 연구자들이다. 특히 당시에 어느 누구도 원자가 무엇이며 어떤 특성이 있는지 알지 못했지만, 이들은 열이 물질을 구성하고 있는 원자들의 운동과 관련된 성질이라는 사실을 깨달았다. 하지만 그들의 기여는 정성적定性的 개념이었으며, 열에 대한 보다 엄밀한 공식이나 열과 일의 관계는 여러 주요 인물들의 생각과 실험, 흥미로운 논쟁의 시간을 통과한 후에 밝혀졌다.

열역학의 발전에서 매우 중요한 단계 중 하나는 기체의 거동과 열의 관계를 연구한 것이다. 몇 가지 중요한 성과는 증기기관의 발명과 개발로 이어졌다. 프랑스의 과학기구 발명가 기욤 아몽통(1663~1705)은 기체를 가열하면 압력이 증가하고 팽창한다는 것을 보여주었다. 특히 그는 같은 양의 열을 받으면 모든 기체가 동일한 팽창을 겪는다는 것을 처음으로 발견했다. 압력은 온도 상승에 정비례하여 연속적으로 증가하기 때문에 기체 압력을 온도를 측정하는 온도계로 사용할 수 있었다. 온도와 압력 사이의 이 정확한 관계는 나중에 세계 대부분의 지역에서 '게이뤼삭의 법칙' 또는 영어권 국가에서 '샤를의 법칙'으로 알려진 엄밀한 형태의 법칙으로 정립되었다(앞 장에서 본 것처럼 현재는 압력, 온도, 부피, 물질의 양의 관계를 물질의 상태방정식으로 통합했다). 아몽통은 물이 끓을 때는 놀랍게도 온도 변화가 없다는 것과 물이 끓는 온도는 항상 일정하기 때문에 온도의 척도를 정하는 기준점이 될 수 있다는 사실도 깨달았다. 영국 과학자 에드먼드 핼리도 그보다 먼저 이러한 사실을 알고 있었지만 온도 척도에서 기준점을 결정할 수 있다는 중요성을 인식하지는 못했다. 아몽통은 또한 가열되어 팽창하는 공기를 사용해 속이 비어 있는 바퀴에서 한쪽으로 물을 밀어넣고 불균형을 만들어 회전을 일으키는 일종의 증기기관을 제안하기도 했다. 그러나 실제로 사용된 최초의 증기기관은 1712년 영국의 토머스 뉴커먼(1663~1729)의 증기기관이다.

증기기관과 효율

뉴커먼 증기기관의 작동 방식은 간단하다(그림 2). 목재를 태워 얻은 열을 이용하여 피스톤이 장착된 대형 원통 보일러 또는 피스톤을 움직이도록 실린더로 증기가 유입되는 외부 보일러에서 물을 증기로 변환했다. 증기가 피스톤을 밀면 펌프의 암arm을 움직여서 범람된 광산에서 물을 퍼올릴 수 있었다. 뜨거운 실린

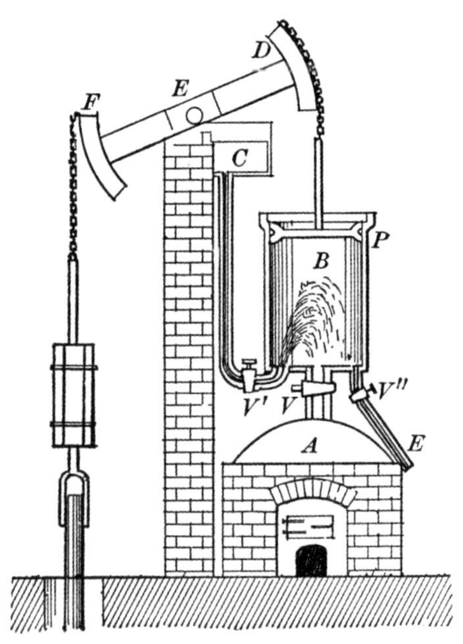

그림 2 뉴커먼 증기기관의 개략도. 실린더에서 발생된 증기는 피스톤을 위로 밀어 올리고 상부의 레버 암lever arm을 움직인다. 그런 다음 물이 증기와 실린더를 냉각시켜 피스톤이 다시 아래로 이동하며 레버 암을 아래로 당긴다. (위키미디어 제공)

더는 증기가 응축될 수 있도록 물로 식혀지고 피스톤은 실린더 바닥 근처의 위치로 되돌아간다. 이어서 실린더가 가열되면서 전체 순환과정이 다시 시작되고 일이 필요한 만큼 반복된다. 피스톤의 각 왕복운동을 위해서는 실린너 전체를 가열한 다음 다시 냉각해야 한다. 처음 설치된 뉴커먼 증기기관은 더들리 경 영지의 석탄 광산에서 물을 끌어올리는 펌프를 구동시켰는데,

그림 3 초기 증기기관의 실제 작동 사례인 뉴커먼 증기기관 '페어바텀의 까딱이' (위키미디어 제공)

곧 이 증기기관은 영국, 스코틀랜드, 스웨덴, 중부 유럽의 광산에서 펌프로 물을 퍼내기 위해 가장 널리 사용하는 수단이 되었다. 이따금 다른 사람들이 다른 종류의 열기관을 도입하려 했지만 당시에는 아무도 뉴커먼과 경쟁할 수 없었다. 뉴커먼 증기기관 중 '페어바텀의 까딱이Fairbottom Bobs'(그림 3)라고 불렸던 한 대가 미시간주 디어본에 있는 헨리 포드 박물관에 보존되어 있다. 실제로 작동하는 뉴커먼 증기기관의 모델은 영국 버밍엄의 블랙 컨트리 박물관에서 지금도 돌아가고 있다.

그림 4 조지프 블랙 (미국 국립 의학도서관 제공)

연대순으로, 이제 증기기관은 잠시 접어두고 열용량과 숨은 열latent heat(잠열) 개념을 소개한다. 조지프 블랙(1728~1799, 그림 4)은 이 중요한 개념들을 명확하게 한 핵심 인물이다. 그는, 예를 들어 두 개의 서로 다른 온도에 있는 같은 양의 물을 합하면 두 온도의 평균 온도에서 평형을 이룬다는 것을 발견했다. 하지만 190도의 금 1파운드와 50도의 물 1파운드를 합했을 때 최종 온도는 겨우 55도에 불과했다. 블랙은 물이 금보다 열을 더 잘 저장할 수 있다고 결론지었다. 이를 일반화하면, 열을 저장

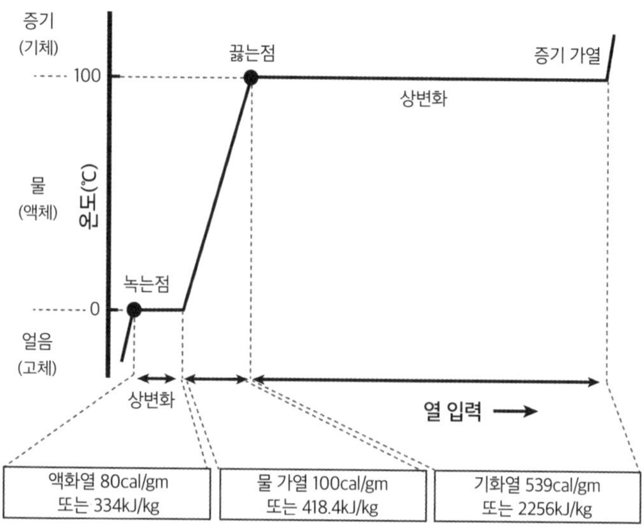

그림 5 숨은열 도표 (Barbara Schoeberl, Animated Earth LLC 제공)

하는 용량은 각 물질에 따라 다르다는 사실을 알 수 있다. 이는 주어진 온도 상승에서 기체가 균일하게 팽창하는 것과 같은 보편적인 특성은 아니다. 그 이전의 아몽통과 마찬가지로, 블랙은 거의 모든 조건에서는 약간의 열만으로도 액체 물의 온도를 올릴 수 있지만 물이 끓는점에 있으면 더 많은 열을 가해도 온도가 변하지 않는다는 사실을 깨달았다. 이때 물은 증기로 변한다. 얼음, 액체 물, 증기와 같은 각 상태를 상phase이라고 하는데, 블랙이 '숨은열'이라고 부른 추가 열은 물질의 상변화와 연관이 있다. 즉, 무언가에 열을 가하면 온도를 올리거나 다른 방식으로 영향을 주어 형태를 한 상에서 다른 상으로 변경할 수 있다. 하나의 상만 존재할 경우에는 열이 유입되면서 온도가 상승하지만 두 개의 상이 존재하면 온도가 일정하게 유지된다(그림 5).

여기서 상을 구성하는 것에 대해 간략히 알아보자. 기체상은 단 하나뿐이다. 마찬가지로, 대부분의 물질에는 단 하나의 액체상만 존재한다. 그러나 고체의 각 구조 형태는 그 자체로서 하나의 상이다. 고압에 노출되면 형태가 바뀌는 고체도 많다. 이런 각 형태가 하나의 고유한 상이다. 더욱이 일부 물질, 특히 구성 입자가 구형과 매우 다른 모양을 갖는 물질은 구성 입자들이 무작위로 배향되고oriented 분포된(물론 밀도는 높지만) 일반적인 액체 형태뿐만 아니라, 적절한 조건에서는 비-구형 구성 입자가 정렬된 배향을 유지하는 적어도 하나 이상의 다른 형태를 보일 수 있다. 이러한 물질에는 두 가지 이상의 서로 다른 액체상이 존재한다. 즉 상은 시스템 구성 요소의 공간적 관계를 나타내는 특성이라고 할 수 있다.

증기기관의 역사에서 주요한 다음 혁신은 뉴커먼 이후 반세기가 지나서 이루어졌다. 제임스 와트(1736~1813)는 블랙이 교수였던 글래스고대학교의 실험 기구 제작자이자 과학자였다. 와트는 이미 1760년에 더 개선된 증기기관에 대해 생각했지만, 본격적인 혁신은 1763년에 뉴커먼 증기기관의 소형 모델을 수리할 때 시작되었다. 그는 냉각수가 증기를 응축할 때 모델의 실린더가 실제 크기의 실린더보다 훨씬 더 많이 냉각된다는 사실을 알았다. 이를 바탕으로 그는 팽창된 실린더의 부피를 채우는 데 필요한 증기의 양과 각 순환과정에서 실제로 발생한 증기의 양을 비교, 조사했다. 와트는 각 순환과정에 사용된 실제 열량과 그에 따른 증기 발생량이, 실린더를 채우기에 충분한 증기의 몇 배나 된다는 사실을 발견했다. 이로부터 그는 초과된 증기는 그저 실린더를 재가열하는 것이라고 정확히 추론했다. 뉴커먼 증기기관의 성능을 향상시키려고 노력할 때 일어나는 딜레마가 거기 있었다. 어떻게 각 순환과정에서 매번 재가열하지 않아도 될 정도로 실린더를 뜨겁게 유지하면서도, 낮은 증기압을 갖도록 충분히 차갑게 증기를 액체 물로 응축하여 효율적인 진공 상태를 달성할 수 있는가? 이 지점에서 그의 천재성이 빛난다. 그는 증기를 응축시킬 만큼 충분히 차갑지만 실린더의 부피를 최대화하기 위해 피스톤이 밀린 이후에야 증기가 들어갈 수 있는 두 번째 실린더 또는 어떤 종류의 방을 생각해냈다. 두 번째 방은 부피가 작은 공간으로, 주 실린더에서 증기가 유입되도록 개방되며, 증기가 냉각되어 훨씬 작은 부피의 액체 물로 응축된다. 이것이 바로 증기기관에 근본적인 혁명을 가져오고, 성능 개선에 대한 완전히 새로운 차원의 관심을 불러일으킨 외부 응축기external condenser의 기원이다. 이로써 주 실린더는 뜨겁게, 소형 외부 응축기는 차갑게 유지하는 것이 가능해졌다.

핵심은 증기를 응축하고 주 실린더의 부피를 줄여야 할 때를 제외하고는 닫혀 있는 밸브이다(물론 응축기에는 응축된 물을 세거하는 배수구가 있다).

증기기관을 최대한 경제적으로 만드는 데 관심이 많았던 와트는 피스톤의 증기 압력이 계속 초기의 높은 수준을 유지할 필요는 없다는 것을 깨달았다. 초기에 압력이 충분히 높으면 증기 공급을 차단할 수 있고, 실린더의 증기 압력은 계속 떨어지지만 피스톤을 움직여 실린더를 팽창시키기에는 충분하기 때문에 피스톤을 순환과정의 마지막 단계까지 밀어낼 수 있다. 와트는 최대 팽창 지점에서 여전히 뜨거운 증기의 압력이 대기압보다 약간 높으며, 밸브가 열리면서 과도한 압력을 유발한 증기가 응축되고 보일러로 다시 흘러갈 수 있다는 것을 깨달았다. 그런 다음에야 외부 응축기로 연결된 다른 밸브가 열려서 나머지 증기가 흘러가고 실린더가 비워져 피스톤이 원래 위치로 돌아간다. 와트는 증기가 팽창했다가 주변 온도에 아주 가깝게 냉각되도록 하면 증기가 제공할 수 있는 최대 일을 얻을 수 있다는 사실을 알았다. 이것이 바로 증기에서 열에너지를 가능한 한 많이 얻을 수 있는 방법이다(그림 6).

이 간단한 몇 단계의 조합은 실제 뉴커민 증기기관이 어떻게 작동하는지, 그리고 더 중요하게는 원래 모델보다 훨씬 효율적인 증기기관을 만들려면 어떤 변화가 필요한지에 대한 와트의

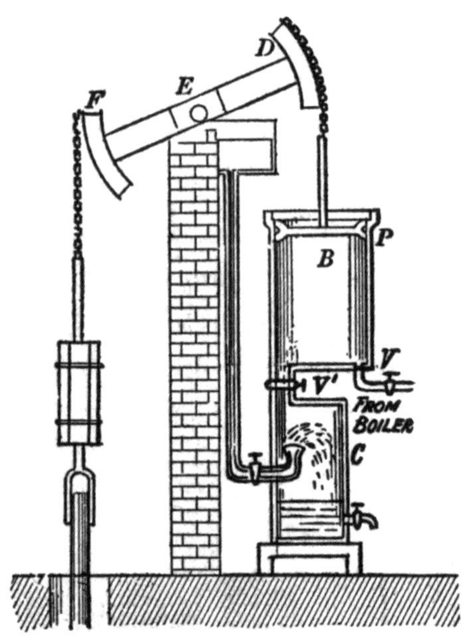

그림 6 제임스 와트의 증기기관. 각 순환과정에서 전체 대형 실린더를 냉각하는 대신 작은 방 C만 냉각수를 공급받지만, 실린더 B의 팽창이 끝나야 C가 주 실린더 B로 개방된다. 따라서 B의 증기는 C에서 응축되고 B는 뜨겁게 유지된 상태에서 새로운 물이 B로 유입되어 증기로 변환되면서 피스톤 P를 구동시킬 수 있다. (위키미디어 제공)

놀라운 통찰에서 비롯되었다. 실린더를 뜨겁게 유지하면서, 피스톤을 순환시키는 데 필요한 최소량의 증기를 사용하고, 팽창하면서 냉각이 이루어지도록 하며, 나머지 증기를 실린더 외부에서 응축시키는 네 가지 아이디어를 통하여 와트는 이전 모델들보다 훨씬 더 효율적이고 경제적인 증기기관을 만들 수 있었다.

또 다른 중요한 공헌은 이런 효율적인 증기기관을 만들고 관리했던 매슈 볼턴과 제임스 와트의 회사에서 나왔다. 이것은 각각의 순환과정에서 엔진이 수행한 일을 측정하는 그래픽 수단으로, '지압선도indicator diagram'(PV선도)로 알려져 있다. 지금도 여전히 원래의 전통적인 형태를 따르는 이 다이어그램은 순환과정의 각 분기를 압력(세로축)과 부피(가로축)를 축으로 하는 그래프의 곡선으로 나타낸다. 볼턴, 와트와 함께 일했던 존 서던은 말 그대로 증기기관이 스스로 지압선도를 그리는 간단한 장치를 발명했다. 이 장치에는 피스톤을 고정하는 축에 연결된 이동 테이블이 있어서 피스톤이 움직일 때 테이블도 앞뒤로 움직인다. 이 움직임은 실린더의 부피 변화를 나타낸다. 테이블에는 종이 한 장이 있다. 실린더에 연결된 압력 감지 팔은 펜을 잡고 종이 위에서 테이블의 앞뒤 움직임에 따라 수직으로 움직이며 곡선을 그린다. 각 순환과정마다 테이블이 움직이고 펜은 실린더의 부피에 해당하는 피스톤 위치 변화에 따라 압력의 닫힌곡선을 그리는 것이다. 다음 장에서 다루겠지만, 닫힌곡선으로 둘러싸인 영역은 각 순환과정에서 엔진이 수행한 일을 나타낸다. 볼턴과 와트는 이 장치를 증기기관에 연결하여 그 성능을 평가할 수 있었다. 이 장치는 볼턴과 와트의 직원들만 열 수 있는 상자에 보관되었으며, 오스트레일리아 출신의 누군가가 그 상자를 열어 장치가 무엇이고 무엇을 측정하는지를 밝혔을 때까지 그 특성은 비밀로 유지되었다.

와트는 증기기관의 성능을 현저히 향상시켰지만, 그의 증기기관보다 훨씬 우수한 증기기관이 나타나 실제로 콘월의 광산과 다른 곳에서 압도적으로 많이 쓰이는 증기기관이 되었다. 리처드 트레비식, 조너선 혼블로워, 아서 울프는 가능한 한 높은 온도와 압력에서 증기를 사용하여 피스톤을 밀기 시작한 다음 증기가 거의 식을 때까지 팽창을 계속하게 했다. 이후 사디 카르노의 업적과 일관되는 이 증기기관은 볼턴과 와트의 증기기관보다 훨씬 효율적이었으며 널리 채택되었다.

열이란 무엇인가?

증기기관의 발전 과정에서 열이 대체 무엇인지에 대한 질문이 계속 제기되었다. 열의 특성 중 일부는 관찰 및 측정을 통해 밝혀졌다. 예를 들어 주어진 양의 물을 증기로 변환하는 데 필요한 열량은 원래 온도에서 같은 양의 증기를 다시 물로 변환하여 회수할 수 있는 열량과 동일하다. 주어진 물질을 녹이려면 해당 물질이 다시 고체로 변했을 때 전달될 수 있는 만큼의 열이 필요하다. 열은 보존된다는 개념은 그러한 관찰에서 나왔다(나중에 보게 되겠지만, 그 개념은 부적절하고 부정확했다). 또한 사람들은 열이 적어도 세 가지 다른 방식으로 전달될 수 있다는 것을 인식하기 시작했다. 예를 들어 태양에 의해 따뜻해지는 것처럼 열은 '복사radiation'를 통해 한 곳에서 다른 곳으로 갈 수 있다. 또한 '대류convection'라고 부르는 과정을 통해 뜨거운 공기나 물과 같은 따뜻한 물질의 흐름에 의해서도 전달될 수 있다. 또는 예를 들어 밀짚이나 나무가 아닌 금속을 통하는 것처럼, 변하거나 움직이지 않는 물질을 통과하여 전달되는 '전도conduction'도 있다. 하지만 이러한 특성들은 열이 무엇인지가 아니라, 단지 열이 무엇을 하는지에 대해 말해줄 뿐이었다. 실용적인 목적으로 다양하게 사용되었지만, 열의 본질적 특성은 미스터리로 남아 있었다.

현재는 운동에너지라고 부르는 운동이 열로 변환될 수 있다는 인식은, 1798년 미국에서 태어난 럼퍼드 백작 벤저민 톰프슨(그림 7)의 유명한 대포-천공cannon-boring 실험이 중요한 계기가 되어 생겨났다. 그는 대포의 몸체인 금속 원기둥에 포탄을 재기 위한 구멍을 내는 작업을 물속에서 했고, 이때 발생하는 마찰로 인한 열이 보링바와 금속 원기둥이 담긴 물을 끓일 수 있을 만큼 충분히 높다는 사실을 보여주었다. 그의 발견은 기계적 일이 열로 변환될 수 있고, 열기관을 사용하면 반대 방향으로도 변환할 수 있다는 것을 알기 위한 토대가 되었다. 따라서 열 자체가 보존될 필요는 없으며, 열역학 제1법칙에 표현된 것처럼 실제로 보존되는 것은 더 근본적이고 일반적인 것, 즉 '에

그림 7 럼퍼드 백작 벤저민 톰프슨 (테오도르 뮐러의 판화, 스미스소니언 협회 도서관 제공)

너지'라는 사실을 알게 되었다.

열의 본질과 관련하여 상호 배타적이고 경쟁적인 두 관점이 있었다. 한쪽에서는 고체, 액체, 기체 등 물질을 구성하는, (아직은 추측에 불과한) 입자의 운동 정도로 열을 생각했고, 다른 쪽에서는 모든 물질 입자를 둘러싸고 있는 서로 반발하는 물질적 실체로서 열을 생각했다. 전자인 운동 모델이 실제로 먼저 등장했지만, 후자인 유체 또는 '칼로릭' 개념은 특히 18세기 후반에 운동 모델을 앞질렀다. 저명하고 탁월한 두 프랑스 과학자 라부아지에와 라플라스는 1783년 〈열에 관한 논문Mémoire sur la chaleur〉을 출판하여 두 이론을 모두 소개했는데, 둘 중 하나가 다른 쪽보다 우수하다는 것을 암시하지는 않고 열이 보존되고 다른 형태로 전달될 수 있다는 사실과는 둘 다 일관성이 있다고 보고했다. 1789년에 '칼로릭'이라는 용어를 처음 도입한 사람은 라부아지에였는데, 아마도 개인적으로 유체 모델을 선호했던 것 같다. 하지만 라부아지에를 포함하여 많은 사람들이 그럴듯하게 생각했던 열이 유체라는 개념을, 럼퍼드는 마찰 실험에 근거하여 거부했다(라부아지에는 프랑스혁명 기간에 처형되었으며, 훌륭한 여인이었던 그의 아내 마리앤은 나중에 럼퍼드의 아내가 되었다가 4년 만에 이혼했다).

블랙의 연구에서 비롯된 당시의 개념에 따르면, 어떤 물질에 포함된 열의 함량은 물질의 **열용량** 또는 **비열**과 물질의 양에 대한 간단한 함수로 주어진다. 여기서 '비열'은 1그램과 같은 특정 양에 해당하는 물질의 열용량을 의미한다. 주어진 물질의 비열이 일정할 것이라는 믿음은 틀린 것으로 판명되었다. 열용량과 비열은 온도와 압력 조건에 따라 달라진다. 하지만 모든 물질에는 고유의 비열이 있으며, 비열을 온도를 가로축(x)으로 하고 비열 값을 세로축(y)으로 하는 그래프에서 곡선으로 나타낼 수 있는 특성으로 생각할 수 있다. 그런데 각각의 압력에 대해 다른 곡선이 필요하기 때문에 바닥면의 x축은 온도이고 y축은 압력이며 수직(z)축은 비열인 공간에서 면으로 주어지는 비열을 고려해야 한다. 일정하든 가변적이든 열용량은 열이 무엇인지에 대하여 운동 또는 칼로릭 유체의 개념 중 어느 것으로도 해석될 수 있는 특성이었다. 열용량은 원자 운동의 강도 또는 물리적 유체의 양으로 해석할 수 있다. 이 특성은 실제 물질의 운동을 이해하고 열 보존을 설명하는 데 중요하지만 열의 본질에 대한 새로운 통찰을 제공하지는 않는다. 열을 어떻게 포함하고 있으며, 열의 유입과 방출에 반응하는 방식의 관점에서 개별 물질을 나타내는 특성으로 유용할 뿐이다. 그럼에도 불구하고, 열용량은 각 물질을 구성하는 입자가 얼마나 복잡한가에 대한 통찰을 제공하게 된다.

열용량, 특히 기체 열용량의 중요한 특성은 열이 교환되는 조건에 따라 달라진다는 것이다. 기체의 부피 혹은 압력을 일정하게 유지하면서 열을 추가할 수 있다. 압력을 일정하게 유지하면 기체가 더 큰 부피로 팽창한다. 부피를 일정하게 유지하면 아몽통이 보여준 것처럼 기체에 의해 가해지는 압력이 증가한다. 지금 우리는 그러한 차이가 나타나는 이유를 이해할 수 있다. 압력이 일정하게 유지되면 기체는 팽창하여 용기의 벽을 움직여 온도가 상승함에 따라 일을 수행한다. 부피가 일정하게 유지되면 시스템은 아무런 일을 하지 않고 온도를 높인다. 나중에 좀 더 정량적으로 살펴보겠지만, 이 시점에서는 일정한 압력에서 기체 온도를 높이는 데 필요한 추가적인 열은 일정한 부피로 가열할 때는 필요하지 않은 팽창 과정의 일 때문이라는 것만 알면 된다. 결론적으로, 일정한 부피에서의 열용량과 일정한 압력에서의 열용량은 서로 구별된다(기체보다는 훨씬 적은 양이지만 부피와 밀도가 온도에 따라 조금은 변하기 때문에, 고체와 액체의 열용량도 조건에 따라 약간씩 다르다).

기체 운동과 관련된 또 다른 측면은 기체가 다른 조건에서 팽창할 때 움직이는 방식이다. 모든 상태방정식 중 가장 간단한 이상기체 법칙을 발견하는 과정에서 이런 차이를 알게 되었다. 구동축에 연결된 피스톤의 힘이나 대기압에 대하여 기체가 팽창할 때, 온도를 유지할 열원이 없으면 기체는 팽창하면서 냉각된다. 저항력에 대항하여 일을 하면서 열을 잃는 것이다. 그러나 기체가 진공 상태로 팽창하면 온도는 본질적으로 변하지 않는다. 물질의 원자론으로 유명한 존 돌턴(1766~1844, 그림 8)은 모든 기체가 동일한 온도 상승을 겪으면 똑같이 팽창한다는 것을 보여주었다. 역설적으로 이 발견은 돌턴과 많은 동시대 사람들이 믿었던, 열은 모든 원자를 둘러싼 '칼로릭'이라고 알려진 유체이며 온도 증가에 따른 칼로릭의 증가가 균일 팽창의 원인이라는 믿음을 강화시켰다. 이러한 팽창 특성은 돌턴과 동시대 프랑스에서 산소, 질소, 수소, 이산화탄소 및 공기의 팽창을 연

그림 8 존 돌턴 (미국 의회도서관 제공)

구하고 비교했던 조제프 게이뤼삭(1778~1850, 그림 9)에 의해 보다 정밀하게 조사되었다. 그는 특정 부피를 갖는 이들 기체의 온도가 물의 어는점 섭씨 0도에서 끓는점인 섭씨 100도까지 증가할 때, 모두 부피가 똑같이 증가한다는 것을 보여주었다. 이 발견을 통하여 압력 p의 변화가 온도의 변화에 정비례하는, $\Delta p = 상수 \times \Delta T$인 관계를 얻을 수 있었다. 이 관계는 현재 세계 여러 지역에서 '게이뤼삭의 법칙'으로 알려져 있지만, 역사적 아

그림 9 조제프 게이뤼삭 (위키미디어 제공)

이러니로 영어권 세계에서는 이를 '샤를의 법칙'이라고 한다. 이로써 우리는 이상기체 법칙에 통합될 첫 번째 정확한 관계를 얻었다.

이러한 압력-부피 관계는 바로 기체 압력이 0이 될 수 있는, 온도의 최저 한계가 있어야 한다는 것을 암시한다. 2장에서 보았듯이, 이것이 '온도'에는 '절대영도'로 정의하는 고정된, 도달할 수 없는 하한값이 존재한다는 열역학의 세 번째 법칙이다. 돌턴과 동시대 다른 사람들은 가능한 가장 낮은 온도가 무엇인지 알아내려고 시도했지만, 그들의 추정치는 실제 값인 0K 또는 절대영도로 알려진 섭씨 −273도와는 거리가 멀었다.

열용량을 통해 밝혀진 온도 변화에 따른 기체의 반응은 기체의 성질, 궁극적으로 물질의 원자적 성질에 대한 이해를 심화시켰다. 특히 게이뤼삭 이후 프랑수아 들라로슈와 자크 에티엔 베라르에 의해 더 자세히 밝혀졌는데, 일반적인 상온 조건일 때 같은 압력에서 부피가 동일한 모든 기체의 열용량은 동일하지만, 질량이 동일한 서로 다른 기체의 열용량은 각기 다르다. 구체적으로, 기체의 열용량은 밀도에 반비례한다. 물질의 원자론에 근거한다면 같은 온도와 압력에서 동일한 부피의 기체는 동일한 수의 원자 입자(엄격하게는 분자)를 포함하지만, 개별 입자의 질량은 특정 물질에 따라 다르다는 사실을 이 발견을 통해 깨닫게 되었다.

카르노와 열역학의 기원

과학으로서의 열역학, 즉 관찰, 논리적 분석, 관측 가능한 현상을 정량적으로 정확하게 설명하고 예측할 수 있는 능력을 갖춘 독립적인 지적 틀로서 열역학의 기원은 공학자 사디 카르노(그림 10)에게서 찾을 수 있다. 공학자였던 그의 아버지 라자르 카

그림 10 18세의 청년 사디 카르노 (위키미디어 제공)

르노 또한 19세기 중반에 기계를 효율적 또는 비효율적으로 만드는 요인에 대한 이해를 증진시키는 데 기여한 인물이었다. 라자르 카르노는 장바티스트 비오와 수학 교수 J. N. P. 아셰트, 그리고 특히 열용량, 열전도율 및 주변과의 열 교환을 강조하고 구별하여 열의 일반적인 속성을 밝힌 조제프 푸리에가 속한 프랑스 학자 모임의 일원이었다. 젊은 사디 카르노는 이런 아버지의 영향으로 열과 열기관에 대한 관심이 점점 커졌다.

나폴레옹 전쟁 기간에 공병으로 복무한 후 사디 카르노는

1824년에 그의 걸작《열의 동력에 관한 고찰Reflexions sur la puissance motrice du feu》을 출판했다. 열역학의 아이디어를 구축하는 데 결정적인 중심 개념인 이상적인, 가역적인 엔진이 이 책에 등장한다. 이것은 마찰이나 외부 누출을 통한 열 손실이 없는 엔진으로, 어떤 순간에 어느 방향으로든 움직일 수 있어 무한히 느리게 작동하는 엔진이다. 이 개념을 통해 카르노는 모든 엔진이 얻을 수 있는 가능한 최고 성능에 대한 자연스러운 한계를 결정할 수 있었다. 여기서 '가능한 최고'는 주어진 특정 열량에서 얻을 수 있는 최대의 유용한 일을 의미한다. 이 비율, 즉 열량당 유용한 일을 열 구동 기계의 '효율efficiency'이라고 하며 그리스 문자 η(소문자 에타)로 표시한다. 일반적으로, 에너지의 형태에 관계없이 이 용어를 사용하여 기계에 투입되는 에너지당 유용한 일을 나타낸다. 하지만 에너지의 개념은 아직 카르노의 어휘에 포함되지 않았으며, 여러 종류의 에너지를 사용하여 기계를 구동시켜 일을 수행한다는 아이디어는 한참 후에 나오게 된다.

여기에서 '가능한 최고'의 의미는 평가를 위해 선택한 기준에 따라 달라진다는 것을 인식하는 것이 중요하다. 카르노는 투입된 열량당 유용한 일인 효율을 사용했다. 또 다른 기준은 일을 전달하는 비율인 동력power이다. 효율에 최적화된 기계는 일반적으로 동력에 최적화되어 있지 않으며 그 반대도 마찬가지이다. 다양한 성능 기준을 상상할 수 있으며, 각 기준은 자체적으로 최적의 성능을 갖는다.

1장에서 논의한 것처럼, 열 구동 기계의 가능한 최대 효율에 대한 카르노의 분석을 실행에 옮기기 위해서 그는 먼저 최적의 성능을 결정하는 데 가장 적합한 가상의 엔진을 발명했다. 그런 다음 다른 그는 다른 어떤 이상적인 엔진도 그의 모델 시스템, 오늘날 '카르노 순환과정Carnot cycle'이라고 부르는 시스템의 효율과 다른 효율을 가질 수 없다는 것을 보여주었다. 이 이상적인 엔진은 마찰이 없으며, 유용한 일에 기여하지 않는 열 교환도 없다. 시스템 벽을 통해 외부 세계로 손실되는 열이 없다는 말이다. 엔진은 4단계로 작동하며, 완료되면 원래 상태로 되돌아간다.

첫 번째 단계는 공기 또는 증기와 같은 작동유체working fluid가 최고 온도 T_H에서 정확히 그 온도의 열원과 접촉하고 있을 때 시작된다. 유체가 팽창하여 피스톤을 밀면서 일을 수행하고 뜨거운 열원에서 더 많은 열을 흡수하여 유체의 온도가 일정하게 유지된다. 이 단계가 끝나면 고온 열원이 분리되고 유체가 미리 결정된 최대 부피에 도달하도록 추가로 팽창하지만, 일을 수행하면서 열을 받지 않기 때문에 두 번째 단계에서 유체는 저온 T_L로 냉각된다. 세 번째 단계에서 냉각된 유체는 압축되면서 동일한 온도 T_L에 있는 저온 열원과 접촉하게 된다. 압축은 유체를 가열하지만 저온 열원과 접촉하고 있기 때문에 온도는 낮은 온도 T_L로 일정하게 유지된다. 이 단계에서 열은 유체에서 저온 열원으로 흐른다. 네 번째 단계는 또 다른 압축이지만, 이제는 외부 열원 또는 흡입처와 접촉하지 않으므로 압축 과정은 유체가 고온 T_H와 순환과정을 시작한 초기 부피에 도달할 때까지 유체를 가열한다. 첫 번째와 세 번째 단계를 시스템의 온도가 일정하게 유지되는 '등온isothermal' 과정이라고 하고, 시스템이 외부 환경과 단절된 두 번째와 네 번째 단계를 열이 시스템으로 들어오거나 나가지 않는 '단열adiabatic' 과정이라고 한다(이 용어는 '통과할 수 없음impassable'을 의미하는 그리스어 단어에서 유래한 것으로, 1866년에 윌리엄 랭킨이 처음 소개했고 5년 후에는 맥스웰이 사용했다). 다른 형태의 순환과정들이 가능하다는 것을 보게 되겠지만, 이 순환과정은 효율성을 나타내는 데 특히 효과적이다. 카르노 순환과정은 각각 부피와 압력을 가로축과 세로축으로 하는 평면에서 닫힌 순환곡선으로 간단히 나타낼 수 있다(그림 11). 시스템이 온도조절기와 접촉하는 상단 및 하단 분기는 일정한 온도에서 수행되며, 시스템이 분리되어 있는 다른 두 분기 동안에는 온도가 변한다.

카르노는 열이 고온에서 저온으로 흐를 때만 열로 인해 일이 발생할 수 있음을 알았다. 두 개의 온도가 다르지 않으면 아무런 일도 수행되지 않았다. 이 사실을 이상적인 열기관 모델과 함께 사용하여 그는 모든 열기관의 성능에 대한 근본적인 한계

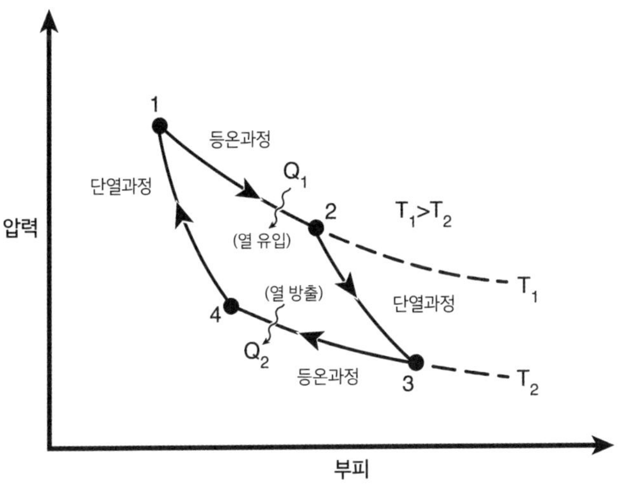

그림 11 카르노 순환과정에 대한 지압선도. 순환과정의 4개 분기는 고온 T_1과 저온 T_2 사이에서 연속적으로 작동한다. 각 단계에서 압력은 부피에 따라 계속 변한다. (Barbara Schoeberl, Animated Earth LLC 제공)

를 발견했다. 열량 Q_H가 고온 T_H에서 얻어지고, 열량 Q_L이 저온 T_L에서 저장되면, 수행된 일의 양 W는 둘의 차이인 $Q_H - Q_L$과 동일하다. 이상적인 엔진에서는 열이 갈 수 있는 다른 곳이 없기 때문이다. 결과적으로 얻은 단위 열당 효율 η은 W/Q_H 또는 $(Q_H - Q_L)/Q_H$이다. 그런데 얻은 열 Q_H는 온도 T_H에 비례한다. 구체적으로, 그것은 단위 온도에 따라 교환된 열인 열용량 C와 온도를 곱한 $Q_H = CT_H$이다. 마찬가지로 낮은 온도에서 교환된 열은 열용량이 두 온도에서 동일하다고 가정하면 $Q_L = CT_L$

이다. 따라서 이상적인 엔진의 효율은 작동하는 온도에만 의존한다.

$$\eta = (T_H - T_L)/T_H \qquad (1)$$
$$= 1 - T_L/T_H.$$

놀랍도록 간단한 이 식은, 카르노 순환과정을 사용하여 열을 일로 전환하는 가장 좋은 방법은 시스템이 작동하는 두 온도에만 의존한다는 것을 알려준다. 또한 저온을 실내 온도에 가까운 것으로 생각하고 고온을 제어할 수 있는 온도라고 생각하면, 이 식은 효율을 최대한 높이기 위해서는 고온 T_H를 가능한 한 높게 해야 한다는 것을 보여준다. 이것이 바로 트레비식의 효율적인 증기기관의 기초였다.

카르노의 이상적인 엔진에 대해 알아야 할 중요한 특성 중 하나는 마찰로 인한 열 손실이 발생하지 않도록 엔진이 매우 느리게, 정확하게는 무한히 느리게 작동해야 한다는 것이다. 엔진이 매우 느리게 작동하여 어떤 순간에 보더라도 앞으로 움직이는지 뒤로 움직이는지 구별할 수 없어야 한다. 이런 엔진을 가역기관이라고 한다. 실제 과정을 수행하기 위해 이상적이고 가역적인 엔진을 사용한다는 생각은 비현실적이지만, 도달할 수 없더라도 개념 자체는 실제 과정의 한계로서 기능한다. 이 개념 덕

분에 카르노는 자신의 엔진에 대한 궁극적인 한계 효율을 찾을 수 있었다. 하지만 더 중요한 것은, 실제 엔진의 가상적인 한계로서 가역기관을 도입한 것이 열역학을 사용하는 방식을 혁신하기 위해 카르노가 소개한 새로운 개념들 중 하나였다는 사실이다.

그 이후에 카르노는 그의 공헌을 논할 때 간과되곤 하는 중요한 한 걸음을 더 내디뎠다. 그는 영구기관을 만드는 것이 불가능함을 깨닫고, 이를 기본 전제로 하여 모든 이상적인 기계는 동일한 한계 효율을 가져야 한다는 것을 보여주었다. 그 논리는 매우 간단하다. 카르노 엔진과 동일한 두 온도 사이에서 작동하는 이상적인 엔진이 있다고 가정하고, 이 엔진이 카르노 엔진보다 효율이 높다고 상상해보자. 그렇다면 이 엔진을 작동하여 카르노 엔진을 역방향으로 구동하게 하면 저온 열원에서 추출한 열 Q_H를 고온 열원에 전달할 수 있다. 그런 다음 이 열을 사용하여 보다 효율적인 엔진을 구동할 수 있으며, 이를 통해 카르노 엔진이 또 다른 Q_H를 고온 열원으로 끌어올린다. 이것은 두 엔진이 계속 작동하면서 영구기관을 만들어, T_L의 저온 열원에서 열을 뽑아서 T_H의 고온 열원으로 끌어올릴 수 있다는 뜻이다. 카르노는 이것이 우리의 모든 경험과 전혀 일치하지 않으므로 불가능하다는 것을 깨달았다. 따라서 다른 이상적인 엔진은 카르노 순환과정보다 더 효율적일 수 없다. 같은 논리에 따라,

다른 이상적인 엔진은 카르노 엔진보다 효율이 떨어질 수도 없다. 만약 효율이 떨어진다면 카르노 엔진을 사용해 그 엔진을 역방향으로 구동하여 열을 제한 없이 저온에서 고온으로 올릴 수 있기 때문이다. 따라서 모든 이상적인 열기관은 앞의 식 (1)에 따라 동일한 한계 효율을 가져야 한다. 놀랍도록 일반적인 이 추론은 카르노가 기여한 것들 중 정점이며, 정밀한 과학으로서 열역학의 시작점이다.

과학으로서의 열역학을 형성하는 데 핵심적인 역할을 해서 중대한 혁신을 가져왔음에도 불구하고, 카르노의 연구는 10년 동안이나 거의 관심을 끌지 못했다. 1834년 에밀 클라페롱이 카르노의 개념을 활용한 논문을 발표하고, 특히 엔진의 순환과정을 각 단계에 대하여 압력과 부피의 함수로 나타내는 도면인 지압선도 형태로 카르노의 가상 엔진을 표현했을 때에야 처음으로 인정을 받게 되었다.

열과 에너지란 무엇인가?

열의 본질은 열역학을 구성하는 개념들의 진화에서 핵심적인 문제였다. 열이 액체 또는 기체와 같은 따뜻한 유체의 움직임에 의해 전달될 수 있다는 것은 특히 18세기 말 럼퍼드 백작의 연구를 통해 오래전부터 알려져 있었다. 일부 물질, 특히 금속은 밀짚과 같은 다른 물질과는 다르게 열을 효율적으로 전달하는 능력이 있다는 것도 잘 알려져 있었다. 또 다른 중요한 발견은 열이 복사로 전달될 수 있다는 사실을 깨달은 것이다. 이는 금속을 통한 전도나 유체가 열을 전달하기 위해 흐르는 대류와는 분명히 달랐다. 열을 전달하는 태양의 복사는 가시광선과 동일한 법칙을 따랐고, 따라서 복사열은 본질적으로 파동 현상인 빛과 같다는 인식은 중요한 진전이었다. 이 사실은 프랑스 물리학자이자 수학자인 앙드레마리 앙페르(1775~1836, 그림 12)의 주요 공헌 중 하나이다. 그는 두 종류의 복사인 복사열과 빛이 주파수만 다르다는 것을 보여주었다. 따라서 열은 한 물체에서 다른 물체로 자연스럽게 여러 형태로 전달될 수 있다는 것, 이 흐름은 항상 따뜻한 물체에서 차가운 물체로 일어나며 반대 방향으로는 절대 발생하지 않는다는 것이 알려졌다.

일을 할 수 있는 능력에 대한 논의는 라이프니츠(그림 13)가 질량과 속도의 제곱을 곱한 mv^2이, 자신과 다른 사람들이 활력living force을 뜻하는 라틴어 '비스 비바vis viva'라고 부르는 힘의 척도와 같다는 인식과 함께 시작되었다. 하지만 얼마 지나지 않아 귀스타브 코리올리와 장빅토르 퐁슬레는 관련된 양이 $mv^2/2$라는 것을 밝혔다. 한편 데카르트와 '데카르트파'('라이프니츠파'와는 반대인)는 질량과 속도의 곱인 mv가 일을 할 수 있는

그림 12 앙드레마리 앙페르
(스미스소니언 협회 도서관 제공)

능력을 측정하는 척도가 되어야 하며 실제로 이 양은 보존된다고 주장했다. 그 당시 19세기 전반에는 두 주장 모두 유효하고 유용한 개념일 수는 없을 것 같았다. 오늘날에는 $mv^2/2$은 물체의 운동에너지, mv는 운동량으로서 둘 다 물체의 운동을 나타내는 유효하고 유용한 특성이라는 것이 알려져 있다. 한때 둘 중에 하나만이 유효한 '운동의 척도'라고 믿었었다는 사실은 이제 완전히 잊혔다.

열이 실제로 무엇인가 하는 근본적인 질문은 수년에 걸쳐 오랜 논쟁거리였다. 두 가지 반대되는 견해가 있었다. 18세기에

그림 13 고트프리트 빌헬름 라이프니츠
(헤르초크 안톤 울리히 박물관 제공)

시작된 한 견해는 열이 물질을 구성하는 입자의 운동이라고 말했으며, 다른 견해는 열은 '칼로릭'이라고 부르는 유체이며 압축하거나 파괴할 수 없는 것이라고 주장했다. 물론 운동에너지를 열과 관련시키는 전자의 견해가 받아들여지게 되었지만, "열은 뜨거운 곳에서 차가운 곳으로 흐른다"라고 이야기할 때처럼 유체 모델의 일부 언어를 여전히 사용하고 있다. 두 조각의 얼음을 서로 문지르면 녹일 수 있다는 험프리 데이비의 초기 실험이 운동 이론을 뒷받침하기 위해 사용되었지만, 마찰 때문에 얼음이 녹은 것은 아닐 수도 있다는 다른 해석이 있었기 때문에 논쟁은 그 이후에도 적어도 부분적으로 계속되었다.

따라서 아주 조금씩, 열전달이 일어날 수 있는 다양한 형태, 그리고 열과 기계적 일이 상호 전환된다는 특성이 에너지 개념이 나타나기 위한 수용 가능하고 통일된 아이디어들이 되었다.

에너지 개념은 그 이름이 정해지기 전인 1842년, 독일 하일브론에서 율리우스 로베르트 폰 마이어가 에너지는 보존되는 양이라는 사실을 깨달았을 때 생겨났다. 마이어는 현재의 에너지라는 말 대신 가능한 어떤 변형으로도 "파괴할 수 없는 힘"이라고 했지만 그 개념은 실제로 같은 것이었다. 그의 주요한 통찰 중 하나는 일정한 부피로 유지되는 기체와 일정한 압력으로 유지되는 기체 사이의 열용량 차이를 깨달은 것이다. 일정한 부피의 기체는 주어지는 모든 열을 흡수하여 기체의 온도를 높인다. 일정한 압력의 기체는 열을 추가하면 팽창하므로, 온도가 상승할 뿐만 아니라 팽창하면서 피스톤을 밀어내는 것처럼 일도 하게 된다. 그 결과 일정한 압력에서 기체의 열용량은 일정한 부피에서보다 팽창하는 작업에 필요한 양만큼 더 커진다. 이러한 차이는 기본적으로 기체 단위(일반적으로 1몰)당 열용량인 일정한 부피에서의 비열에 더해지는 간단한 범용 상수이다. 따라서 C_v가 일정한 부피에서 기체의 비열이고 C_p가 일정한 압력에서의 비열이라면 $C_p = C_v + R$(이전처럼 R은 '기체상수'이다)이며, 일정한 압력에서 온도를 1도 증가시키기에 충분한 열을 흡수할 때 기체를 팽창시키기 위해 필요한 에너지이다. 이것은 일과 열이 둘의 공통적인 어떤 것의 다른 형태이며, 나중에 복사와 현재 우리가 에너지라고 부르는 것의 다른 형태들도 마찬가지라는 것을 깨닫게 되는 중요한 한 걸음이었다. 마이어는 또한 1843년에 물을 휘저어 데울 수 있음을 보여, 열에 대한 운동 모델을 뒷받침했다.

에너지와 에너지 보존 개념이 발전하는 초기에 중요한 역할을 한 또 다른 사람은 19세기 과학과 공학의 중심지 중 하나였던 맨체스터대학교의 물리학과 교수 제임스 프레스콧 줄(그림 14)이다. 줄은 1843년에 전류가 어떻게 열을 발생시키는가를 정확히 보여주었다. 전류를 생성하는 발전기를 작동시킬 때 떨어지는 추를 이용해서, 그는 기계적인 일과 열이 정량적으로 동등함을 입증했다. 기체가 주변과 열을 교환할 수 없는 단열식으로 압축되면 가열될 수 있음을 보여주는 등 그는 다른 방법으로도 이러한 동등성을 증명했다. 또한 공기를 이용한 실험에서는 기체가 진공 상태로 팽창하면 일도 하지 않고, 열이 손실되지도 않는다는 것을 확인했다. 1847년에는 마이어와 마찬가지로 단순히 액체를 저어주거나 흔드는 것 같은 기계적인 일을 열로 직접 변환할 수 있음을 보여주었다. 이것은 열이 시스템을 구성하는 기본 입자들의 운동이라는 개념에 대한 강력한 증거였고, 열은 칼로릭이라는 유체 개념에 타격을 주었다. 1847년 옥스퍼드

그림 14 제임스 프레스콧 줄 (위키미디어 제공)

에서 열린 영국과학진흥협회 회의에서 줄이 열과 기계적 일의 등가를 측정하기 위한 가장 개선된 장치를 설명했을 때 그의 성과는 최소한 두 명의 중요한 과학자, 독일의 헬름홀츠와 영국의 윌리엄 톰슨(켈빈 경)의 관심을 끌었다. 그때서야 사람들은 처음으로 줄이 잘 설명하고 켈빈이 강력하게 지지했던 에너지 보존의 개념을 받아들이기 시작했다. 더 일반적인 속성의 다른 형태들이 상호 변환될 수 있으므로 열이 아니라 더 일반적인 어떤 것이 보존되어야 한다는 것을 깨달은 중요한 발전이었다.

1892년 락스Largs의 켈빈 경이 된 윌리엄 톰슨(그림 15)과 그의 형 제임스는 에너지 과학을 발전시키는 과정에서 매우 중요한 역할을 했다. 맨체스터만큼 관련 분야에서 중요한 중심지였던 글래스고에서 그들은 다양한 종류의 엔진 효율을 중점적으로 연구했다. 증기와 가열된 공기는 그 당시 열기관의 동력이었으며, 세기 중반에는 수력 펌프를 대체하게 되었다. 윌리엄은 물의 어는점과 끓는점을 고정점으로 하고 그 사이에 일정한 간격을 둔 온도의 척도를 고안했다. 그의 척도는 한 세기 전 1742년 안데르스 셀시우스가 개발한 것과 기본적으로 동일했다. 톰슨은 거의 잊혔던 카르노의 책을 찾아내어 읽은 후에 카르노의 업적을 분석한 1849년의 중요한 논문에서 '열역학'이라는 용어를 도입했다. 그는 이러한 분석을, 기체를 압축할 때 방출되는 열과 압축에 필요한 일과의 비율을 측정한 클라페롱과 앙리 빅토르 르뇨(그림 16)의 실험과 연결시켰다. 구체적으로, 이 실험들은 1도의 온도 변화로 수행될 수 있는 최대 일에 대한 카르노의 정량적인 분석에 필수적인 양을 결정하기 위한 것이었다.

그들의 실험을 분석해 톰슨은 섭씨 −273도에서 가장 낮은 값을 갖는 온도의 절대적인 척도가 있어야 한다는 것을 입증했다. 이것은 100년 전 공기가 섭씨 약 −270도에서 모든 탄성을

그림 15 켈빈 경 윌리엄 톰슨 (스미스소니언 협회 도서관 제공)

잃을 것이라는 아몽통의 추론보다 훨씬 더 정확한 것이었다. 톰슨은 자연적인 '고정점'이 존재하고 그 값이 무엇인지를 알았지만, 켈빈 온도 척도를 바로 도입하지는 않았다. 현재 원칙적으로만 달성할 수 있는 최저 온도 섭씨 −273도를 영점으로 하는 켈빈 척도는, 진정으로 자연적인 고정점을 가진 절대온도 척도이며, 물의 어는점을 각각 0도와 32도에 놓는 섭씨나 화씨 척도 같은 임의적인 선택과는 대조적이다.

그림 16 빅토르 르뇨 (스미스소니언 협회 도서관 제공)

포괄적인 개념으로서 에너지는 주로 켈빈과 그의 동시대 독일인 헬름홀츠의 연구 결과로 나타났다. 1847년에 헬름홀츠는 줄의 결과를 통하여 에너지 개념을 정확하게 추론한 〈힘의 보존에 대하여Über die Erhaltung der Kraft〉라는 제목의 논문을 발표했다. 그는 두 가지 전제에서 추론을 시작했다. 하나는 영구기관은 없다는 것이고, 다른 하나는 모든 상호작용은 물질을 구성하는 기본 입자 사이의 인력과 반발력을 수반한다는 것이다. 우연히도 그는 보존되는 양에 대해서 '에너지'가 아니라 당시 확립된 표현이었던 '비스 비바vis viva', 또는 '힘force'으로 번역될 수 있는 '크라프트Kraft'를 사용했다. 당시에는 힘과 에너지의 구별이 아직 명확하지 않았던 것이다. 윌리엄 톰슨은 1852년에 번역된 헬름홀츠의 연구를 발견하고 이를 사용하여 에너지의 기계적, 열적, 전기적 발현을 통합하여 에너지 보존 자체가 기본 원칙임을 보여주었다. 헬름홀츠의 연구에 기초한 자신의 1852년 논문에서 톰슨은 '에너지'라는 단어를 사용하여 에너지가 보존된다고 확실히 선언했다. 열역학 발전에서 또 다른 중요한 인물인 동시대 스코틀랜드의 윌리엄 랭킨은 '에너지 보존의 법칙'이라는 명시적인 표현을 처음 사용했다. 랭킨은 또한 잠재 에너지(위치에너지)와 그가 '실제 에너지'라고 부른 것(오늘날의 '운동에너지')을 처음으로 구별하기도 했다. '에너지'라는 용어는 그가 사용한 방식으로, 이전의 다양한 단어들을 넘어서서 완전히 확립되었다. 이 용어는 톰슨 형제, 헬름홀츠를 비롯해 또 다른 중요한 인물인 루돌프 클라우지우스 등의 독일인들에 의해 빠르게 수용되었다. 랭킨은 1857년 논문과 1859년에 출간한 책에서 '열역학의 원리'라는 용어를 처음 사용하고 '열역학 제1법칙과 제2법칙'을 언급했다. 클라우지우스의 초기 연구를 포함하는 인용이긴 했지만, 그 당시 제2법칙은 나중에 클라우지우스가 발견할 정밀함을 갖추지는 못한 상태였다.

열역학 제2법칙을 처음으로 명시한 사람은 독일 물리학자 클라우지우스이다. 1854년 이 법칙을 처음 발표했을 때 그는 취리히의 교수였다. 이 법칙은, 열은 결코 차가운 곳에서 뜨거운 곳으로 자발적으로 흐를 수 없으며, 그렇게 만들기 위해서는 일이 필요하다는 것을 의미한다. 1865년에 그는 '엔트로피'라는 단어뿐만 아니라 개념까지 명시적으로 도입하여 정확한 수학적 정의를 내렸다. 그 당시에 그는 본질적으로 오늘날 우리가 사용하는 용어로 제1법칙과 제2법칙을 표현했다. 우주의 에너지는 일정하고(제1법칙), 우주의 엔트로피는 최댓값을 향해 증가한다(제2법칙). 그의 선언이 있기 전까지는 차가운 물체에서 따뜻한 물체로 열이 흐르는 것은 분명히 에너지 보존과 일치하는 것으로 보였지만, 우리의 모든 경험으로 알 수 있듯 이런 일은 일어나지 않는다. 따라서 열역학이라는 새로운 과학의 기초에 없어서는 안 될 두 번째 근본 법칙인 제2법칙이 필요하게 되었다.

수학적으로 그 법칙의 정확한 진술은 등식이 아니라 부등식으로 표현된다. 온도가 T인 물체에 소량의 열 δQ를 가하면 그 물체의 엔트로피 δS가 증가하여 부등식 관계 $\delta S \geq \delta Q/T$를 만족시킨다. 등호는 엔트로피의 변화에 대한 하한값을 나타낸다. 클라우지우스가 '분할disgregation'이라고 불렀던 엔트로피의 개념은 오늘날의 기준에 의하면 여전히 부정확했지만 그 당시에는 어떤 의미로든 혼란의 척도를 나타내는 것으로 인식되었다. 나중에 독일의 볼츠만이 주도하고 미국의 윌러드 기브스(그림 17)에 의해 더 정확하고 정교해진 미시적 기반의 통계역학과 열역

그림 17 조사이아 윌러드 기브스 (예일대학교 바이네키 희귀 도서 및 문서 도서관 제공)

학이 연결되고 나서야, 엔트로피는 진정으로 정확하고 정량적인 의미를 갖게 되었다. 뒤에 간단히 살펴보겠지만, 여기서는 다음 사실들만 알고 넘어가면 된다. (a)엔트로피는 켈빈당 칼로리와 같이 단위 온도에 따른 열 단위로 측정된 양이며, (b)시스템이 열을 얻을 경우 증가하는 엔트로피 양에는 하한값이 있다. 물론 실제로는 시스템에 열이 주입되지 않아도 엔트로피가 증가할 수 있다. 처음에 작은 부피에 갇혀 있던 기체는 열이 유입되지 않아도 비어 있던 인접한 넓은 공간으로 자발적으로 팽창한다. 물 한 컵에 떨어지는 잉크 방울은 열의 유입 없이도 확산되어 결국 물 전체에 균일하게 분포된다. 날달걀이 떨어져 깨지면 돌이킬 수 없다. 이 모든 예들은 우주에서 엔트로피가 자연스럽게 커지는 경우를 보여준다. 세 경우 모두에 대해 δQ는 0이므로 $\delta S > 0$이라고 말할 수 있다. 시스템이 냉장 과정에 의해 냉각되면(일이 수행되면) δQ는 음수이고 엔트로피 변화도 음수일 수 있지만, $\delta Q/T$보다는 0에 더 가까워야 한다. 등호는 이상적인 가역 과정에만 해당되며 열 누출, 마찰 또는 기타 '불완전'을 포함하는 실제 과정에는 절대로 적용되지 않는다.

엔트로피와 통계: 거시적 관점과 미시적 관점

19세기 중반, 뉴턴역학과 진화하는 열역학 제2법칙은 서로 양립할 수 없다는 명백하고 심각한 문제가 발생했다. 뉴턴의 운동법칙은 모든 기계적 과정이 가역적일 수 있다는 것을 의미한다. 따라서 '앞으로' 움직일 수 있는 모든 과정은 동일하게 '뒤로'도 움직일 수 있으므로 운동법칙을 만족하면 두 방향 모두 호환이 가능해야 한다. 반면 열역학 제2법칙은 다루는 시스템의 진화에 특정한 시간 방향을 제시했다. 부피 V에 포함된 분자들의 집합인 기체가 더 큰 부피인 2V로 팽창할 수 있다면, 언젠가는 그 분자들이 모두 초기의 부피 V로 돌아가리라 예상하는 것도 운동법칙에 따르면 완벽하게 합리적인 것 같다. 하지만 열역학 제2법칙에 따르면 그러한 일은 결코 일어나지 않는다.

여기서 우리는 물질의 행동에 대한 명백하게 유효하지만 서로 양립할 수 없는 두 가지 설명을 조정하는 근본적인 문제에 직면하게 된다. 하나는 개별 물체의 운동법칙과 방정식에 기초하여 개별적인 미시적 관점에서 물질을 본다. 다른 하나는 열역학에 기초하여 거시적 관점에서 물질을 더 큰 의미에서 바라본다. 이 두 가지 관점을 조정하는 문제는 어떻게 보면 자연과학에서 계속 발생한다고 할 수 있다. 이 문제는 19세기 후반에 제2법칙에 대한 상충하는 두 견해로 이어졌다. 제2법칙은 엄격하게 사실이며 엔트로피는 항상 증가하는 것인가, 아니면 확률적인 의미에서만 유효한 것인가? 이것은 모든 운동은 시간이 앞으로 가든 뒤로 가든 유효하다는 뉴턴역학과 운동은 고유한 시간 방향성을 띤다는 제2법칙 사이의 상호 호환성 문제이기도 하다. 뉴턴역학과 제2법칙을 조화시키는 이 문제는 통계의 중요성을 인식하고 통계역학 또는 통계열역학이라고 부르는 분야가 형성되면서 만족스러운 해결책을 찾았다. 물론 제2법칙의 타당성은 통계 및 통계적으로 지배되는 거동의 본질에 있다. 특히, 통계학에 따르면 시스템을 구성하는 요소가 많을수록 가장 가능성이 높은 미시상태에서 구별할 수 있는 요동이 적다. 제

2법칙은 엄격하게 확률론적 의미에서 유효하지만, 거시적 규모의 시스템일 경우 확률이 시간의 한쪽 방향으로 너무 치우치게 되어 거시적 시스템이 높은 엔트로피에서 낮은 엔트로피로 진화하는 것을 관찰할 가능성은 본질적으로 거의 없다.

이러한 접근법이 역사적으로 어떻게 등장했는지 앞으로 설명하겠지만, 일단은 기체 분자들이 부피 2V를 채우고 있다가 초기 부피 V로 모두 되돌아가는 것도 당연히 가능하며, 역학 법칙은 언젠가는 그런 일이 일어날 수 있음을 사실상 보장한다고 이야기하는 것으로 충분하다. 더 자세히 살펴보자. 모든 분자가 V로 되돌아가는 것은 분자들이 많은 집합체에 있어서는 매우 일어나기 힘든 사건이다. 분자 2개 또는 10개의 경우라면 모든 분자가 2V에서 V로 돌아가는 것을 상당히 짧은 시간 내에 잠시나마 관찰할 수 있겠지만 1,000개의 분자를 다루는 경우, 그러한 일은 정말 불가능할 것이다. 예를 들어 1세제곱미터의 부피에 들어 있는 모든 공기 분자들이 2세제곱미터로 팽창하도록 한 후, 그들이 원래의 1세제곱미터로 돌아올 확률은 너무 작기 때문에 그런 일을 관찰하기 위해서는 우주 나이의 여러 배에 해당하는 시간을 기다려야 한다. 그런 일이 일어난다고 해도 그 상태는 무한히 짧은 시간 동안만 지속될 것이다. 다시 말해 이런 일을 관찰하기 위해서는 믿을 수 없을 만큼 운이 좋아야 한다. 전형적인 거시적 시스템의 분자 수에 대한 감을 잡기 위해, 일반적으로 몰이라는 단위를 사용하여 원자와 분자 수를 계산한다는 사실을 떠올려보자. 1몰에 포함된 입자 수는 1그램에 해당하는 원자질량단위(수소 원자의 질량이 1로 정의된)의 수이다. 이 수, 즉 아보가드로 수는 약 6×10^{23}이다. 따라서, 예를 들어 원자량이 12원자질량단위인 탄소 원자 1몰은 손으로 쉽게 들 수 있는 12그램에 불과하다.

다시 말해서 열역학의 거시적 접근은, 근본적으로 물질을 구성하는 원자와 분자는 무질서한 거동을 설명하는 거대 수의 통계를 따른다는 가정에 근거하고 있다. 거시적 과학은 본질적으로 구성 입자가 매우 많은 시스템의 특성을 다룬다. 즉, 어느 순간에 어떤 시스템을 관찰하는 것은 시스템이 어떻게 준비되었는지를 고려하여 구성 입자들이 존재할 수 있는 가장 가능한 방식에 의해 결정된다. 여기서 핵심은 시스템에 포함된 구성 입자가 많을수록 가장 가능성이 높은 조건과 해당 조건의 매우 작은 요동이 다른 모든 요소를 지배한다는 것이다. 2세제곱미터 부피 전체에 걸쳐 본질적으로 균일한 공기 밀도를 갖는 것은 측정 가능한 요동을 갖는 것보다 훨씬 더 많은 방법으로 이루어질 수 있기 때문에, 잠재적으로 측정 가능한 요동은 결코 볼 수가 없다. 분자가 무질서하게 움직여야 한다는 조건과 뉴턴역학은 그러한 요동이 원칙적으로 일어날 수 있고 심지어 일어날 것이라는 사실을 보장한다. 그러나 거시적 시스템에서는 관찰될 수 있을 정도로 큰 요동이 거의 발생하지 않는다. 우리는 그렇게 오래 기다릴 수 없으며, 그러한 요동 또한 명확하게 구별할 수 있을 정도로 오래 지속되지 않을 것이다.

세상을 설명하기 위한 미시적 접근과 거시적 접근을 조정하는 데에는 또 다른 측면이 있다. 뉴턴역학은 공식적으로 가역적이므로 어떤 순간에 시스템의 모든 입자의 위치와 속도를 정확하게 지정하면 시스템이 앞으로 나아갈 수 있으며, 나중에 속도를 반대로 하면 시스템은 초기 상태로 돌아간다. 그러나 실제로 이러한 초기 위치와 속도를 정확하게 나타낼 수는 없으며, 일정한 유효 숫자 내에서만 지정할 수 있다. 그 한계를 넘어서 알 수는 없다. 실제 시스템이 진화함에 따라 입자들이 상호작용하고 충돌하고 튕겨나가면서 위치와 속도에 대한 정보는 점점 더 부정확하게 된다. 매번 충돌할 때마다 시스템의 미시상태에 대한 불확실성이 커져서, 궁극적으로 유한한 시간 내에 시스템을 멈추고 방향을 반대로 해서 초기 순간에 알고 있던 불완전하게 지정된 초기 상태로 돌아가는 것조차도 무한히 작은 확률이다. 시스템에 대한 지식의 감소는 엔트로피의 또 다른 측면, 즉 정보와의 연결성 또는 정보 부족과도 관련이 있다.

엔트로피의 정확하고 정량적인 개념을 조금 더 깊이 살펴보자. 2장에서 논의했던 미시적 상태와 거시적 상태를 여기서 다시 구별해야 한다. 시스템의 거시적 상태는 평형상태에 있는 경우 온도와 압력과 같은 열역학적 변수로 설명할 수 있다. 진정한 평형상태에 있지 않다면, 아마도 열역학적 변수와 함께 전체 흐름을 지정하는 추가 변수, 그리고 강에서 물의 평균 속도와 같은 비정적nonstationary 특성으로 설명될 것이다. 파이프를 통과할 때 냉각되는 유체에 대해서도 파이프를 따라 모든 위치에 온도를 할당함으로써 기술할 수 있다. 이러한 시스템은 평형상태가 아니지만 유속과 같은 다른 요소를 추가한 열역학적 변수로 설명할 수 있다. 반면에, 미시적 상태는 시스템을 구성하는 모든 구성 입자들의 위치와 속도가 지정된 상태이다. 물론 우리는 평형상태에서도, 예를 들어 방의 공기를 미시적 상태로 묘사하려고 하지는 않을 것이다. 여기서 중요한 점은, 거시적 시스템의 경우에는 거시적 상태와 일치하는 미시적 상태의 수가 엄청나게 많아서 우리가 그것들을 다루고 싶어하지 않는다는 것이다. 하지만 어떤 거시적 상태에 대응하는 미시적 상태의 수는 중요하다. 중간 정도 수의 미시적 상태에 의해 달성될 수 있는 거시적 상태는 훨씬 더 많은 수의 미시적 상태에 대응하는 거시적 상태와는 완전히 다르다고 할 수 있다. 전자의 경우, 구성 입자가 너무 많지 않다면 가능성이 가장 큰 상태로부터의 요동을 관찰할 수도 있지만, 후자의 경우에는 관측 가능한 요동의 확률은 너무 작아서 실제로 볼 수는 없을 것이다. 실내 공기와 같은 무질서한 N개의 입자로 이루어진 시스템에서 요동의 정도는 $\sqrt{N}$

에 비례하며, 이는 N개 자체일 때보다 훨씬 느리게 증가한다. 따라서 시스템이 클수록 요동의 범위는 좁아지고 요동을 관찰하기도 더 어려워진다(작은 시스템을 관찰할 수 있는 현재의 능력으로 탐색이 가능해진 한 가지 흥미로운 과제는, 이러한 요동을 관찰할 수 있는 대략적인 최대 크기의 시스템을 결정하는 것이다).

이러한 큰 수를 다루기 위해, 주어진 거시적 상태에 대응하는 미시적 상태의 수가 아니라 그 수의 로그 값에 해당하는 지수를 이용한다. 일반적으로 약 2.718로 주어지는 자연상수 e, 즉 오일러 수의 지수를 이용하며, e의 지수만큼의 거듭제곱이 미시적 상태의 수가 된다(e는 무한 합 $1+1/1+1/(1\cdot2)+1/(1\cdot2\cdot3)+\cdots$의 한계값이다). 주어진 거시적 상태에 대응하는 미시적 상태의 수를 N이라고 하면, 우리가 이용하는 양을 N의 자연로그, ln(N)이라고 한다. $\exp[\ln(N)] = e^{\ln(N)} = N$이므로, ln(N)을 해당 상태의 엔트로피에 대한 미시적 정의의 기초로 사용한다. 독자들은 log(N)으로 쓰는 10의 거듭제곱을 기반으로 하는 로그 값에 더 익숙할 수 있다. 즉 $10^2 = 100$이므로 log(100)은 2이다.

로그 값은 차원이 없는 단순한 수이다. 일반적으로는, 엔트로피에 단위 온도당 에너지에 해당하는 수치 척도를 부여하여 S를 개별 원자의 경우에는 $k \ln(N)$, 또는 아보가드로 수만큼의 원자 수에 해당하는 경우에는 $R \ln(n)$으로 쓴다. 여기에서 k는 볼츠만 상수로, 단위 켈빈당 약 1.38×10^{-23}줄 또는 단위 켈빈당 1.38×10^{-16}에르그이며, R은 기체상수로 1몰에 포함된 입자수(1그램에 들어 있는 개별 수소 원자의 수)인 대략 6×10^{23}을 볼츠만 상수와 곱한 수이다. 아보가드로 수는 1그램에 포함된 원자질량단위 수를 알려주는 변환 계수이다(수소 원자가 기본적으로 1원자질량단위이기 때문). 거시적 시스템을 다룰 때는 일반적으로 구성 원자나 분자들의 수를 몰수로 계산한다.

이제 엔트로피의 통계적 개념을 제2법칙과 연결시킬 수 있다. 즉, 시스템은 자발적으로 항상 낮은 엔트로피 상태에서 높은 엔트로피 상태로 이동하며, 다시 말하자면 항상 더 많은 미시적 상태의 수를 가진 거시적 상태로 이동한다. 거시상태를 달성할 수 있는 미시적 상태의 수가 많을수록 발견될 가능성이 높아지고 엔트로피가 커진다. 1877년 볼츠만에 의해 처음 발표된 거시적 시스템의 엔트로피 S에 대한 정확한 관계는 간단하게 $S = k \ln W$이며, 여기서 W는 해당 거시적 상태에 대응하는 미시적 상태의 수이다.

열역학이 제공하는 또 다른 강력한 도구가 있다. 앞에서 열역학 과정을 수행할 때의 자연적인 한계로서 **열역학 퍼텐셜**을 언급했다. 이는 시스템이 낮은 에너지(일반적으로 낮은 엔트로피) 상태와 높은 엔트로피(일반적으로 높은 에너지) 상태로 가는 경향의 균형을 맞추는 변수이다. 각각의 구체적인 형태는 적용되는 조건에 따라 다르다. 예를 들어, 시스템이 진화할 때 온도와 압력이 과정을 제어하는 변수인 경우 적절한 열역학 퍼텐셜을 기브스 자유에너지라고 하며, $G = E - TS$ 형태로 쓴다. 온도 T가 일정한 조건에서 쓰이기 때문에 변화량은 $\Delta G = \Delta E - T\Delta S$로 표현된다.

이 특정 퍼텐셜을 이용하여, 예를 들어 A와 B로 부르는 두 개의 화학종과 같이 상호 변환되는 두 가지 형태의 물질 양의 비율을 정할 수 있다. 온도와 압력에 따라 달라지는 그러한 비율을 **평형상수** equilibrium constant, K_{eq}라고 한다. 두 형태가 평형상태에 있을 때의 양을 나타내는 [A]와 [B]의 비율은 엄밀하게 관계식 $K_{eq} = [A]/[B] = \exp(\Delta G/kT)$에 의해 주어진다. 여기에서 $\Delta G = G(A) - G(B)$이며, G는 원자 수준 단위로 나타낸 A와 B의 분자당 기브스 자유에너지이다(A와 B의 양을 몰 수준 단위로 사용하는 경우에는 볼츠만 상수 k를 기체상수 R로 바꿔야 한다).

열역학 퍼텐셜을 물질의 총량 대신에 입자당 값으로 표현하는 것이 유용할 때가 있다. 몰수가 아닌 개별 원자 또는 분자로 계산한다면 $G = N\mu$, 또는 $\Delta G = N\Delta\mu$로 변경된다. 원자당 자유에너지 μ는 **화학 퍼텐셜**이라고 한다. 에너지 자체와 기브스 자유에너지 그리고 다른 능능한 양들을 포함하는 열역학 퍼텐셜은 엔진과 열역학 과정의 실제적이고 잠재적인 성능을 평가하기 위한 강력한 분석 도구이다. 이를 통해 실제 작동과 이상적인 작동을 정확하게 비교해 기술적 개선을 위한 단계와 과정을 발견할 수 있다. 다음 장에서 기브스 자유에너지에 대해 더 설명해보겠다.

이제 통계가 자연과학에서 어떻게 중심적인 역할을 하게 되었는지, 특히 통계가 어떻게 열역학의 거시적 접근과 뉴턴역학 또는 그 이후 양자역학의 미시적 접근과의 연결을 가능하게 했는지 다음 장에서 살펴보자.

4

열역학을 어떻게 사용하는가, 혹은 사용할 수 있는가?

앞에서 본 것처럼, 열역학은 증기기관을 효율적으로 만드는 매우 실용적인 문제로 촉발된 기초과학이다. 카르노는 효율에 대해 도출한 수식을 통해 고온 열원의 온도를 가능한 한 높게, 저온 저장소의 온도를 가능한 한 낮게 만드는 것이 바람직하다는 사실을 깨달았다. 이는 자연스럽게 증기기관의 설계에서 중요한 역할을 했으며, 계속해서 기본적인 지침이 되었다. 그리고 열역학은 열에서 유용한 일을 이끌어내는 기술을 개선할 수 있는 방법에 대해서도 다른 통찰을 많이 제공했다.

당연히 열역학이 응용되는 분야는 냉각 과정과 관련된 것으로, 가장 명백하게는 냉장 및 냉방이다. 이는 휘발성 물질을 증발시켜 원하는 만큼 온도를 낮추는 과정이다. 응축된 액체가 증기로 전환되는 과정에서 증발 물질이 주변으로부터 에너지를 흡수하여 주변 환경을 냉각시킨다. 그런데 냉장고는 한 번이 아니라 오래 작동해야 하므로 해당 물질을 다시 액체로 응축해야 한다. 이 과정에서 일이 수행된다. 따라서 냉장고는 앞 장의 카르노 순환과정의 지압선도에서 본 것과 비슷한 순환과정을 거치면서 작동한다. 다만 선도의 시계 방향으로 작동하며 뜨거운 열원에서 열을 추출하여 일을 생성하고 일로 변환되지 않은 에너지를 저온 열원에 저장하는 게 아니라, 시계 반대 방향으로 작동한다. 냉장고는 먼저 증발을 통해, 다음에는 증기를 냉각하지만 주위와 에너지 교환을 허용하지 않는 단열팽창을 통해 저온 열원으로부터 열을 제거한다. 그 이후에 일을 생성하는 대신 일을 수행하여, 증기가 압축되고 액화될 때 더 높은 온도에서 열을 저장한다. 시스템에 실제로 추가적인 일이 필요한 마찰이나 열 누출 같은 결함이 없다면 지압선도에서 순환과정 내 면적은 정확히 순환과정을 한 번 돌기 위해 공급해야 하는 일이다. 앞에서 본 시계 방향 경로에서 둘러싸인 면적이 양의 부호를 띠며 각 순환과정에서 얻을 수 있는 일을 나타내는 것과 달리, 반시계 방향 경로를 따르면 순환과정의 면적은 음의 부호를 띠며 각 순환과정마다 공급해주어야 하는 일을 나타낸다. 당연히 냉각 과정에서 추출된 열이 나갈 수 있는 방법이 있어야 한다. 일반적으로 그 열을 주변으로, 냉장고가 있는 방으로, 외부 공기로 방출한다. 그렇게 하지 않으면 냉장고는 주변을 가열하게 된다!

온도를 낮추는 것이 무엇이든, 냉장 과정은 낮은 엔트로피를 유지하는 수단으로 생각할 수 있다. 음식 또는 다른 것들이 주변의 실내 온도보다 낮은 온도로 유지되는 한, 그 엔트로피는 실온에서 열평형에 있을 때보다 낮다.

물론 에너지의 한 형태를 다른 형태로 변환한다는 의미에서 가장 널리 사용되는 열역학 응용 중 하나는 다양한 형태의 에너지를 특정 형태로 변환하는 발전發電, 즉 전기를 생성하는 것이다. 일반적으로 에너지를 뜨거운 증기 형태의 열로 사용하여 발전기를 구동하게 되며, 열을 기계적에너지로 변환하여 전기에너지를 생산하는 데 사용한다. 실제 대부분의 발전소에서는 석탄, 석유, 가스를 연소해서 열을 얻으므로, 결국 전기에너지를 얻는 주된 원천은 실제로는 연료에 저장되어 있는 화학에너지인 것이다. 지금 우리는 풍력과 해수의 운동에너지를 발전기의 기계적에너지로 변환하고 햇빛의 복사에너지를 전기에너지로 직접 변환하는 방법을 알아가는 중이며, '핵에너지'라고 부르는 원자핵에 저장된 에너지를 제어된 방식으로 열로 변환한 다음 기계적에너지로, 궁극적으로는 전기에너지로 변환하는 방법은 이미 알고 있다.

응용 분야가 지속적으로 성장하는 방식 중에 '열병합 발전combined heat and power', CHP라는 것이 있다. 병합 발전cogeneration이라고도 한다. 열 자체가 다양한 용도로 사용된다는 사실을 이용하여 전기를 생산할 때 발생하는 열을 버리지 않고 주변에 사용하는 방식이다. 매우 뜨거운 증기는 발전기에 에너지를 공급한 후에도 전만큼은 아니지만 여전히 뜨겁다. 이렇게 증기에 남아 있는 에너지를 예를 들어 건물 난방에 사용할 수 있다. 이것이 아마도 열병합 발전에 가장 널리 적용되는 형태일 것이다. 예일대학교를 포함하여 250개가 넘는 대학에서 CHP를 사용하여 전기를 생산하고 건물을 따뜻하게 한다. 발전과 난방 개별 시스템의 일반적인 전체 효율은 약 45퍼센트인 반면 열병합 발전 시스템은 전체 효율이 80퍼센트에 이를 수 있다(여기서 효율은 에너지 입력당 열 또는 전기로 사용되는 에너지의 양이다).

열을 변환하여 기계적에너지로 직접 사용하든 기계적에너지를 다시 전기에너지로 바꾸든, 또는 화학에너지를 열로 바꾸든 배터리처럼 직접 전기에너지로 변환하든, 어떤 에너지 변환 과정을 거치든 열역학에 포함된 실질적인 정보는 에너지 변환 과정에서 최대의 이득을 얻는 방법에 대한 지속적인 지침이 된다. 카르노의 경우로 알 수 있듯 열을 기계적에너지로 변환할 때 순환과정의 고온 단계는 가능한 한 높은 온도에서 수행되어야 한다. 실제 기계와 이상적인 기계를 간단히 비교하면 마찰과 열누출과 같은 부수적인 과정을 최소화할 수 있으므로 효율적인 윤활제와 단열재를 만들 수 있다(때때로 우리는 이러한 손실을 최소화하려고 할 때 실수로 새로운 문제를 일으킨다. 예를 들면 석면으로 단열재를 만들어 널리 사용한 경우가 그렇다. 석면은 단열에 탁월하다. 하지만 석면을 흡입하면 건강에 해롭다는 사실이 알려졌고, 그 이후로 많은 응용 분야에서 다른 재료가 석면을 대체했다).

밀접한 관련이 있는 열역학의 또 다른 응용 분야는 개방사이클 터빈open-cycle turbine의 설계이다. 이러한 장치에서 압축기는 일반적으로 천연 가스(특히 메탄)인 연료와 혼합된 공기를 흡입하고, 혼합물이 연소되어 열을 생성하여 기체 혼합물을 데워서 압력을 증가시킨다. 그 높은 압력에서 고온 기체가 발전기의 터빈 날개를 구동시킨다. 뜨거운 기체에 포함된 열이 많을수록 터빈은 더 효율적이다. 따라서 이러한 장치는 연소된 기체가 터빈을 떠난 후 남은 열을 모을 수 있도록 설계되었으며, 터빈을 빠져나가는 기체에서 아직 연소되지 않은 기체로 열을 전달하도록 만들어졌다. 이것은 위에서 논의한 것과는 약간 다르지만 어떤 면에서 일종의 열병합 발전 시스템이다.

유용한 형태의 에너지를 생산하는 문제와 관련하여 전기에너지를 가시광으로 변환하는 데에도 효율 개선을 위한 응용이 늘어나고 있다. 전기 조명이 발명되기 전에 사람들은 자연적으로 열과 빛으로 에너지를 방출하는 화학반응, 즉 불꽃에서 직접 빛을 얻었다. 양초는 산소가 왁스처럼 탄소를 함유한 물질과 결합하도록 하여 화학에너지를 빛과 열로 변환한다. 가스등은 가연성 물질로 '천연가스'인 메탄을 사용했지만, 이것 역시 양초와 마찬가지로 상당한 에너지를 방출하는 화학반응을 통해 빛을 냈다.

백열등은 이와는 완전히 다른 방식, 일반적으로는 텅스텐으로 만든 금속 필라멘트에 전기를 통과시키는방식으로 빛을 생성한다. 텅스텐 필라멘트는 가는 철사 조각이지만, 산소만 없다면 가시광선을 방출할 정도의 높은 온도로 가열해도 오랫동안 열을 견딜 수 있다. 백열전구의 텅스텐 필라멘트가 진공 상태 또는 불활성 가스를 채운 투명한 유리구로 밀봉되어 있는 것은 그 때문이다. 이 장치는 엄청난 발전이었으며 전 세계에서 '인공광'의 주된 원천이 되었다.

이후 전기에너지로 가시광을 얻는 더 에너지 효율적인 방법이 나타났다. 하나는 기체에서 연속적으로 작동하는 전기 방전이 전등을 채운 기체를 계속 들뜨게 만드는(여기勵起시키는) 형광등이다. 들뜬 원자 또는 분자는 들뜸에너지excitation energy를 전등의 벽에 있는 형광물질로 전달하여 가시광선을 방출한다.

현재 널리 사용되는 또 다른 기술은 상당히 작은 고체인 '발광 다이오드', 즉 LED이다. LED는 전압을 가해 '밀어낼' 수 있는 전자들이 존재하는 부분과 전자들이 이동하여 '채울' 수 있는 빈자리가 있는 부분이 있어서 전자가 과잉 에너지를 잃는 방식으로 가시광선을 발산한다. 형광등과 LED 모두 백열등에 필요한 것보다 적은 양의 입력 전기에너지로 주어진 양의 빛을 낼 수 있다. 전기 방전으로 전자가 원자와 충돌하여 들뜸에너지가 직접 빛으로 변환되거나(형광등), 전압에 의해 들뜬 전자가 '주개donor' 쪽에서 '받개acceptor' 쪽으로 이동하여 들뜸에너지가 빛에너지로 직접 변환되기(LED) 때문에 효율이 높다. 반면에 백열등은 필라멘트가 매우 높은 온도로 가열되어 가시광선뿐만 아니라 적외선도 함께, 광범위한 파장과 주파수에 걸친 복사를 포함하는 전체 스펙트럼이 방출된다. 형광등과 LED등은 특정 주파수의 복사만 내보내는데, 이 복사는 전자가 과잉 에너지를 잃거나 전자에 의해 들뜬 형광물질이 특정 고에너지 상태에서 저에너지의 안정된 상태로 변할 때 방출되는 에너지 양에 정확하게 해당한다. 그래서 특정한 색상을 띠는 형광등이나 LED등을 만드는 것은 꽤 어려운 도전일 수 있다. 특히 원하는 색이 가로등에서 흔히 볼 수 있는 노란색 나트륨등처럼 익숙한 방출 주파수가 아니라면 더 그렇다.

뜨거운 시스템은 왜 빛을 방출할까? 열역학에서 이를 어떻게 설명하는지 알아보자. 복사는 대부분의 물질이 자발적으로 흡수하거나 방출할 수 있는 일종의 에너지이기 때문에 물체가 주변과 분리되어 있지 않으면 에너지를 전자기파 형태로 교환할 수 있다. 물체가 주변보다 따뜻하면 복사가 물체 밖으로 방출되고, 주변이 더 따뜻하면 그 흐름은 반대가 된다. 일반적으로 가열된 물체의 광범위한 파장으로 구성된 복사는 파장의 모양과 특히 최고점의 강도가 온도에 따라 달라진다. 이런 물체를 '흑체black body'라고 하는데, 이는 예를 들면 수은등mercury vapor lamp처럼 몇 가지 특정 파장에서 복사를 방출하는 것과는 대조적이다. 만약 '흑체'가 상당히 따뜻하다면 복사의 최고점은 가시광선보다 파장이 긴 스펙트럼의 적외선 부분에 있을 가능성이 높고, 온도가 그리 높지 않은 물체에 대해서는 파장이 센티미터나 미터 정도인 마이크로파 영역에 있을 수 있다. 하지만 물체가 충분히 뜨거우면 가장 강한 복사가 파장이 400~700나노미터 사이의 파란색에서 빨간색에 해당하는 스펙트럼의 가시광선 영역에 있을 수 있다(1나노미터는 10^{-9}미터로 10억분의 1미터이다). 시스템이 뜨거울수록 방출하는 복사의 최고 세기의 파장은 더 짧고 에너지는 더 많다. 파란색이나 녹색으로 보이는 물체는 빨간색으로 보이는 물체보다 더 뜨거워야 한다. 물체가 충분히 뜨거우면 복사의 최고점은 파장이 400나노미터보다 짧은(보이지 않는) 자외선 영역이나 파장이 0.01~10나노미터에 해당하는 엑스선 영역에 있을 수 있다.

여기에서 한 가지 주목할 만한 흥미로운 사실이 있다. 복사의 열역학에 대한 고전적인 이론에는 분명히 잘못된 예측이 포함되어 있다. 고전적인 이론에 따르면 임의의 물체로부터 나오는 복사는 파장이 짧을수록 점점 더 강해져서, 극단적으로 짧은 파장에서는 무한한 양의 복사를 방출한다. 이는 분명히 틀린 내용이지만 이를 어떻게 설명할 수 있었을까? 막스 플랑크(그림 18)

그림 18 막스 플랑크. (스미스소니언 협회 도서관 제공)

는 에너지가 '양자quanta'라고 불리는 묶음의 개별 단위로 구성되어 있고, 단일 양자의 에너지는 파장 λ(또는 주파수 ν)의 함수로 주어지는 고정된 양으로서 범용 상수인 h에 주파수를 곱한 값으로 얻어져서, 단일 양자 또는 최소 크기의 복사 묶음은 에너지 $h\nu$를 갖는다고 주장하였다. 이는 높은 에너지를 가진 고주파 및 단파장의 복사에너지는 에너지가 아주 많은 '큰' 묶음으로만 구성될 수 있음을 의미한다. 시스템이 한정된 양의 에너지만 가진 경우에는 그 이상의 에너지를 가진 양자를 생성할 수 없다. 따라서 이 조건에 따라 물체가 아무리 뜨거워도 방출할 수 있는 단파장의 복사량은 제한된다. 방출할 수 있는 복사의 양을 유한하게 유지하는 자연적인 제한 요인이 바로 이것이다.

고주파 복사의 제한 조건에 대한 플랑크의 설명은 에너지 양자화quantization of energy라는 개념으로 이어졌고, 결국 물질과 복사에 대한 양자이론에 영감을 주었다. 이런 발전 과정을 보면 자연과 주변 세계에 대한 우리의 언제나 불완전한 이해는, 우리가 가지고 있는 설명의 한계를 인식하고 자연현상을 탐구할 새로운 방법을 찾아나갈 때 진화한다는 것을 알 수 있다. 이 글을 쓰고 있는 지금도, 설명할 수 없고 잘 이해되지 않지만 관측 결과는 널리 알려져서 아직 만들어지지 않은 새로운 과학을 요구하는 현상들이 있다. 은하계 중력의 원천인 '암흑물질', 먼 은하가 멀어지는 속도로 밝혀낸 우주 가속팽창의 근원인 '암흑 에너지' 등이 그것이다.

5

열역학은 어떻게 진화해왔는가?

앞에서 증기기관을 다룰 때 전형적인 증기기관의 압력을 부피의 함수로 나타내는 그래프인 지압선도를 소개했다. 그림 11의 이상적인 카르노 엔진에 대한 지압선도로 알 수 있듯, 이것은 닫힌 순환곡선이다. 다양한 순환과정 경로를 가진 많은 종류의 엔진이 있지만, 실제로 카르노 순환과정을 따르면서 작동하는 기관은 없다. 휘발유와 공기의 혼합물을 점화시켜 연소하는 전통적인 자동차 엔진은 '오토 순환과정Otto cycle'이라는 순환과정을 따른다. 디젤 엔진은 또 다른 형태인 '디젤 순환과정'을 따른다. 이 엔진들은 각각 특정한 경로를 따른다는 점에서 차이가 있다. 여기서 중요한 점은 볼턴과 와트, 그들의 엔지니어이자 나중에 동료가 되는 존 서던이 깨달았으며 여전히 열역학의 중요한 진단 방법으로 남아 있는 사실을 인식하는 것이다. 즉 지압선도의 닫힌 순환곡선 내의 영역은 한 순환과정 동안 수행된 실제 일에 해당한다.

이러한 사실은 다음을 고려하면 알 수 있다. (a)압력 p에 대해 작은 부피 변화 dV를 만들기 위해 수행된 일은 두 개의 곱인 pdV로 주어진다. (b)화살표가 가리키는 대로, 예를 들어 순환과정의 가장 높은 분기에 해당하는 지압선도의 한 순환곡선을 따라가는 경우, 최소 부피에서 최대 부피로 이동하면서 수행하는 소량의 일을 모두 합하면, 다시 말해서 모든 작은 pdV 값을 합하면 시스템이 해당 순환곡선을 따라 움직일 때 수행되는 일의 총량을 얻을 수 있다.

모든 작은 증가분을 합하는 과정을 '적분법integration'이라고 하며, 이 예에서는 $\int pdV$ 형태로 표현한다. 각각의 증가분에 해당하는 곱은 작은 간격 dV의 순환곡선 아래의 면적이다. 따라서 상위 분기의 처음부터 끝까지의 적분은 그 분기 아래 영역의 면적이다! 이 면적은 부피가 증가하면서 상단 순환곡선을 따라 팽창될 때 시스템이 수행하는 일이다. 다음 분기로 가면 어떤 일이 수행되는지 확인할 수 있다. 압축 단계에 해당하는 긴 하단 분기에 도달하면 각 dV와 함께 부피가 줄어들면서 시스템에 일이 행해진다. 각각의 하단 분기를 따라 적분하는 과정은 방의 크기를 감소시키는 부피 변화를 포함하므로 dV 값은 음수이고, 시스템에 일이 행해지며, 따라서 하단 분기 아래의 면적은 음수가 된다. 그러므로 네 분기 아래의 면적에 해당하는 적분 값을 합할 때 상단 두 분기의 면적은 양수이지만, 하단 두 분기의 면적은 음수이므로, 네 합계는 두 경우의 차이인 닫힌 순환곡선 내부의 면적이 된다. 지압선도의 순환곡선 면적을 찾는 것이, 어떤 순환과정으로 돌아가는 엔진이든 각 순환과정에서 수행되는 일을 결정하는 간단한 방법인 이유가 바로 이것이다.

고안할 수 있는 모든 순환 엔진의 이상적인 성능에 대한 도표를 구성할 수 있다. 그런 다음 볼턴과 와트가 했던 것처럼 기계가 자체적으로 지압선도를 그리도록 한 후에 동일한 부피 및 압력 범위에서 이상적인 도표와 비교한다. 두 순환곡선의 면적을 비교하면 실제 성능이 이상적인 엔진의 성능에 얼마나 근접하는지 바로 알 수 있다.

이상적인 오토 순환과정에 대한 지압선도를 예로 들어보자(그림 19). 이 주기는 실제로 '4행정(스트로크)' 순환과정이기 때문에 카르노 순환과정보다 더 복잡하다. 카르노 순환과정에서 완전한 순환과정 한 번에 피스톤은 앞뒤로 한 번 움직이는데, 이를 두 번의 '스트로크stroke'라고 한다. 반면에 오토 순환과정에서는 피스톤이 각 순환과정마다 앞뒤로 두 번씩 움직이며 유용한 일은 한 번의 팽창 단계에서만 수행한다. 도표에서 가장 높은 순환곡선으로 표시되는 단계이며, 휘발유가 공기 중에 연소되어 실린더의 기체가 팽창함에 따라 피스톤이 밀려 나가는 단

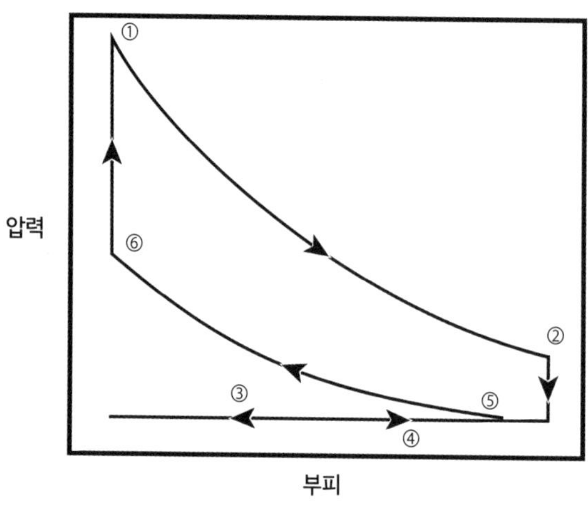

그림 19 휘발유 자동차를 구동하는 이상적인 오토 순환과정에 대한 지압선도. 카르노 순환과정의 이전 도표와 달리 이 도표는 온도와 부피가 아닌 압력과 부피를 축으로 사용한다. 각 전체 주기에서 시스템은 가장 낮은 부피와 가장 높은 부피 사이에서 두 번 이동한다. 상단 순환곡선에서 주기는 해당 순환곡선 내의 면적과 동일한 일을 생성한다. 아래쪽 '앞뒤로' 수평선은 단순히 실린더를 비우고 다시 채우는 것이다. (Barbara Schoeberl, Animated Earth LLC 제공)

계이다(①). 해당 스트로크가 끝날 때 여전히 상당히 높은 압력을 유지하는 기체는 열린 밸브를 통해 빠져나가므로 두 번째 스트로크에서는 부피는 일정하게 유지되면서 압력이 줄게 된다(②). 그런 다음 피스톤은 일정한 압력에서 실린더의 최소 부피에 해당하는 위치(그림의 왼쪽)로 돌아가 연소되고 남은 기체를 배출한다(③). 다음으로 배기 밸브가 닫히고 흡입 밸브가 열려서 신선한 공기가 실린더로 들어가고 피스톤은 여전히 일정한 압력으로 밀려 나가게 된다(④). 이 두 단계는 도표의 앞뒤로 움직이는 가로선에 해당한다. 그런 다음 피스톤이 다시 올라가면서 실린더의 공기를 압축하여 휘발유 유입을 준비한다(⑤). 이 단계는 도표의 순환곡선 하단 오른쪽에서 왼쪽으로 상승하는 곡선으로 표시되는 단계이다. 이 단계의 끝에서, 휘발유가 열린 밸브 또는 분사기를 통해 실린더로 들어간다(⑥). 그러고 나서 불꽃이 튀면서 휘발유-공기 혼합물이 점화된다. 휘발유의 유입과 불꽃의 발화는 도형의 수직 상향선에 해당하며 이상적인 엔진에서는 순간적으로 발생하여 부피의 변화가 없는 단계이다. 이렇게 하여 엔진이 자동차의 움직임을 이끌어내는 '파워 스트로크'로 되돌아간다.

이렇게 이상적인 엔진의 지압선도 순환과정의 면적을 실제 엔진의 지압선도 순환과정의 해당 영역과 비교해서 실제 엔진의 성능을 진단하면 실제 엔진이 이상적인 한계 성능에 얼마나 가까운지를 알 수 있다. 실제로는 이상적인 엔진에 대한 순환과정 내 면적을 알고 있으니, 실제 엔진에 의해 수행된 일을 다양한 수단으로 측정하여 실제 성능을 평가할 수 있다. 이를 통해 엔진 성능을 향상시킬 수 있는 가능한 방법을 식별하는 진단 도구를 얻을 수 있다. 예를 들어, 카르노에게서는 순환과정의 최고 온도가 가능한 한 높아야 한다는 것을 배웠다. 그래서 내연기관을 설계할 때 매우 높은 온도를 견뎌내고 엔진 표면을 통해 열을 가능한 한 잃지 않도록 하는 것이다. 적절한 기계적 연결 방법을 찾을 수 있다면, 연소된 연료가 가장 뜨거운 상태에서 피스톤이 빠르게 움직일 수 있게 함으로써 가능한 한 많은 고온의 열을 이용할 수 있을 것이다. 이는 열역학을 사용하여 실제 과정의 성능을 개선하려고 할 때 마주치는 일종의 지적 도전이다.

열역학을 물질의 미시적 구조에 연결하기

열역학 과학 발전의 중요한 단계는 '인간 크기' 시스템의 특성을 통한 전통적인 접근 방식인 물질에 대한 거시적 설명과, 물질을 원자와 분자로 구성된 기본 입자로 다루는 역학에 바탕을 둔 미시적 관점 사이에 정확한 다리를 구축하는 것이었다. 이것은 뉴턴역학 체계의 가역성과 제2법칙에 의해 요구되는 비가역성 사이의 명백한 비호환성에 의해 촉발되었다. 독일, 영국, 미국의 과학자들은 기브스가 도입한 통계열역학이라는 다리를 발전시켰다. 그 핵심은 큰 집합의 통계적 거동을 상호작용하는 개별 구성 원소인 원자 또는 분자의 미시적이고 기계적인 설명에 포함시키는 것이다.

열역학에 큰 영향을 준 두 번째 중요한 발전은 양자역학의 도입이다. 양자역학은 주로 물질과 빛의 미시적인 거동과 관련이 있지만, 저온에서 가능한 미시적 입자의 통계적 특성을 통해 열역학에도 매우 큰 영향을 미치고 있다. 이 장에서 그 의미를 알아보고자 한다.

물질은 움직이면서 상호작용할 수 있는 작은 입자들로 만들어졌다고 제임스 클러크 맥스웰(그림 20)은 믿었다. 기체에서 이러한 입자들은 비교적 자유로워야 한다. 맥스웰이 활동했던 초기인 19세기 중반에는 이러한 견해가 여전히 논쟁거리였다. 그 당시 사람들은 물질의 기본 구조는 부드럽고 연속적이라고 믿었으며, 원자 개념은 세기 말에 이르러서야 널리 받아들여졌다. 원자 모형을 거부했던 이유 중 하나는 열역학 제2법칙과 자연의 비가역성이 고전역학과는 양립될 수 없다는 게 명백했기 때문이다. 1860년대 맥스웰이 원자성 기체를 통계적으로 설명하는 방법을 도입하여 이러한 문제를 해결하는 첫걸음을 내디뎠다. 구체적으로 그는 단열된 닫힌 상자 안에서 고정된 전체 에너지를 가지고, 평형상태에 있는 기체를 구성하는 입자들의 에너지와 속도의 분포를 설명하는 함수를 개발했다. 개별 입자의 속도는 다른 입자 또는 벽과 충돌하면서 지속적으로 변할 수 있다. 그러나 이러한 속도의 분포distribution는 본질적으로 일정하게 유지될 것이다. 물론 분포에 요동이 있을 수 있지만 이는 작고 매우 일시적일 것이다.

맥스웰의 업적을 '맥스웰 분포', 현재는 '맥스웰-볼츠만 분포'

그림 20 제임스 클러크 맥스웰 (스미스소니언 협회 도서관 제공)

라고 한다. 볼츠만도 이 분포를 도출했으며 그 의미를 광범위하게 탐구했기 때문이다. 이 분포식은 중간 또는 높은 온도에서 평형상태에 있는 기체에서 분자 또는 원자들의 에너지에 대한 가장 유력한 분포를 설명하는 데에 여전히 중요하게 사용되고 있다. 맥스웰은 온도 T의 기체에서 질량 m을 갖는 분자가 v와 v + dv 사이의 속도를 가질 확률에 대한 수식을 개발했다. 이것은 지수 형태로 다음과 같이 표현된다.

$$\mathrm{Prob(v)} = e^{-\mathrm{K.E.(v)}/k\mathrm{T}} \text{ 또는, 다르게 쓰면 } \exp[-\mathrm{K.E.(v)}/k\mathrm{T}]$$

여기에서 운동에너지 *K.E.*(v)는 $mv^2/2$이고, *e*는 '자연상수'로 약 2.718이다(전에 보았듯이 이 지수의 값을 '자연로그'라고 한다. 10의 거듭제곱으로 식을 쓰면 10을 거듭제곱하여 *e*값이 되는 수인 약 0.435를 자연로그에 곱해주면 된다). 그러나 속도 v가 표현하는 방법의 수(즉, 속력이 향하는 서로 다른 방향의 수)는 반경 v를 가진 구의 면적에 비례하므로, 속도 v를 가질 확률은 v^2에 비례해야 한다. 전체 수식을 유도하지 않고도 확률분포를 작성하여 속도의 모든 방향과 크기에 대해 합산된 총 확률이 정확히 1이 되도록 할 수 있다.

$$\mathrm{Prob(v)} = \sqrt{\left(\frac{\mathrm{m}}{2\pi k\mathrm{T}}\right)^3}(4\pi\mathrm{v})^2\exp\left(-\frac{\mathrm{mv}^2}{2k\mathrm{T}}\right)$$

이것이 이 책에서 가장 복잡한 방정식이다. 이 확률분포는 0에 가까운 속도를 가진 원자 또는 분자의 경우처럼 본질적으로 0의 확률을 갖는 경우로부터 점차 증가하여 $\sqrt{2kT/m}$에 해당하는 가장 가능한 속도 $v_{\mathrm{most\ prob}}$에서 최댓값에 도달하게 된다. 따라서 가장 가능한 속도는 온도의 제곱근에 따라 증가하고, 수소 분자 또는 헬륨 원자와 같은 가벼운 입자는 질소 분자와 같은

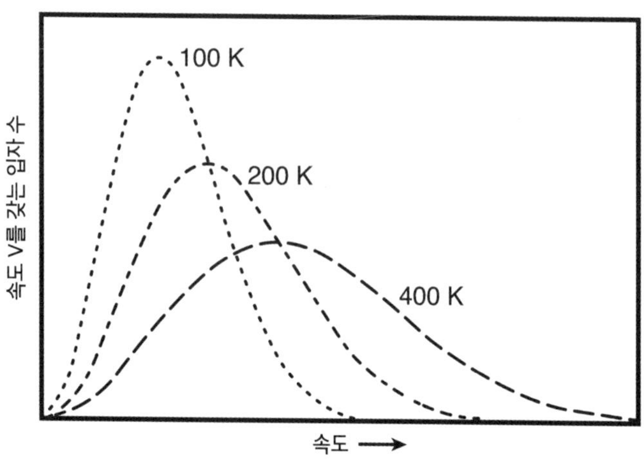

그림 21 세 가지 온도에서 입자 속도의 맥스웰-볼츠만 분포. 최고점은 더 높은 온도로 이동하고 면적은 더 높은 속도 쪽으로 퍼지지만, 물질의 양은 세 가지 경우 모두 동일하기 때문에 곡선 아래의 면적은 모든 온도에서 동일하다. (Barbara Schoeberl, Animated Earth LLC 제공)

무거운 입자보다 훨씬 빠르게 움직인다. 질소는 수소보다 원자 질량이 14배 더 크므로 수소 분자는 질소 분자보다 약 $3\frac{1}{2}$배 더 빠르게 움직인다. 이 확률분포는 또한 낮은 온도에서도 매우 높은 속도로 움직이는 입자들이 많은 수는 아니더라도 존재한다는 것을 알려준다. 그런 경우는 드물지만 어쨌거나 발견될 수는 있다(그림 21).

맥스웰의 개념에는 내포되어 있지만, 확률분포에 대한 표현에는 개별 입자 속도와 분포의 순간 평균에 요동이 있다는 생각이 전혀 포함되어 있지 않다. 만약 입자들이 한정된 방의 벽과 충돌할 수밖에 없고, 오늘날 우리가 알고 있는 것처럼 다른 입자와도 충돌한다면(하지만 맥스웰은 입자의 크기나 모양을 알지 못했기 때문에 추측만 할 수 있었다), 속도의 실제 분포는 끊임없이 변한다. 하지만 시스템이 가장 가능성 있는 분포에서 요동하는 규모는 시스템의 입자 수에 매우 흥미로운 의존성을 갖는다. 시스템에 N개의 개별 입자가 있다면, 평균 속도나 에너지에서 가장 가능한 값과는 다른 편차가 발생할 확률은 $\sqrt{N}$에 따라 변하기 때문에 분수fractional 확률은 $\sqrt{N}/N$에 따라 변한다. 따라서 N이 9이면 그 분수는 1/3이지만 N이 1,000,000이어도 분수는 1/1000에 불과하다. 거시적인 양의 기체를 다룰 때, 우리는 백만 개의 분자를 다루는 것이 아니라 대략 10^{24}개의 분자를 다루는 것이다. 따라서 가장 가능성 있는 분포에서 멀어질 확률은 1/1,000,000,000,000이며, 관찰할 가능성은 거의 없다.

평균에서의 표준편차, 특히 가장 일반적이고 널리 사용되는 종 모양의 대칭 곡선인 정규분포Gaussian distribution 개념을 사용하여 가장 가능성이 높은 경우에서의 편차에 대해 더 정확하게 설명할 수 있다. 분포 곡선 내에서 분포의 가능성이 가장 높은 값(평균)에서 왼쪽이나 오른쪽으로 표준편차 하나만큼 벗어난 경우에 해당하는 영역은 가장 가능성이 높은 값의 왼쪽이나 오른쪽에서 분포의 전체 모집단의 약 34퍼센트를 포함하므로 전체 모집단의 약 68퍼센트는 가장 가능한 값보다 표준편차만큼 높거나 낮은 범위 내에 있다. 다시 말하면, 분포의 전체 값 중 약 1/3만이 평균에서 표준편차 이상 떨어져 있으며, 1/3의 절반은 분포의 왼쪽 끝 부분에 있고 나머지 절반은 오른쪽 끝 부분에 있다. 이런 편차를 특별히 **표준편차**라고 한다.

맥스웰은 입자 속도와 충돌의 무작위성에 대한 그럴듯하고 직관적으로 수용 가능한 아이디어를 사용하여 속도 분포 수식을 얻었다. 어떤 논리적 단계를 거치거나 수학적으로 유도하여 찾은 것은 아니다. 이를 수학적으로 도출하여 얻어낸 것은 볼츠만이었다. 1872년 볼츠만은 다음과 같은 아이디어에서 출발했다. (a)용기가 움직이지 않기 때문에 기체 입자는 무작위로 움직여야 하고, (b)속력, 보다 정확하게는 속도(속력과 방향을 나타냄)는 매 순간 무작위로 분포하며, (c)입자들이 서로 충돌하여 매 충돌마다 속도와 방향이 바뀌고, 충돌은 매우 자주 발생한다. 이렇게 완전히 그럴듯한 가정을 사용하고 물리, 수학, 통계를 조합하여 일정한 온도에서 평형상태의 기체에 대한 속도(속력) 분포를 유도할 수 있었다. 그 분포는 맥스웰이 직관적으로 얻어낸 것과 같았다! 앞에서 나온 방정식으로 표현되고 그에 따른 그림에 개략적으로 표시된 분포는 현재 맥스웰-볼츠만 분포로 알려져 있으며, 전통적인 열역학의 거시적 접근과 원자 수준에서 물질의 거동을 설명하는 미시적 접근 사이의 근본적인 연결 중 하나가 되었다.

열역학을 과학의 다른 측면들과 연결시키는 데 있어서 볼츠만은 한걸음 더 나아갔다. 그는 스승인 요제프 슈테판이 실험적으로 발견한, 따뜻한 물체에서 방출되는 전자기파와 물체의 온도와의 연관성을 설명했다. 전자기에너지의 총 방출 속도가 물체 온도의 네제곱에 비례한다는 이 관계를 '슈테판-볼츠만 법칙'이라고 한다. 게다가 볼츠만은 기체와 마찬가지로 복사도 압력을 가할 수 있음을 보여주었다. 따뜻한 물체는 매우 긴 파장인 전파radio waves를 주로 방출하고, 더 따뜻한 물체는 상대적으로 파장이 짧은 마이크로파를 방출하여 에너지를 잃는다. 불꽃이나 백열등의 필라멘트와 같은 매우 뜨거운 물체는 가시광선을 방출한다. 태양과 같은 더 뜨거운 물체는 가시광선, 자외선, 심지어 엑스선을 방출한다.

볼츠만이 열역학에 기여한 또 하나의 중요한 업적은 통계를 더 넓게 적용한 것이다. 그는 임의의 초기 속도 분포를 가진 원자 집합이 고립된 환경에 남아서 자연적으로 변화하면 맥스웰-볼츠만 평형 분포에 도달한다는 것을 보여주었다. 또한 평형으로의 변화가 얼마나 진행되었는지를 측정하는, 'H'로 나타내는 함수를 도입했다. 구체적으로, 시스템이 평형상태에 도달하면 함수가 가장 큰 음수 값을 얻는다는 것을 증명했다. 볼츠만이 처음 이 개념을 도입한 후로 이 함수를 H-함수라고 불렀다. 하지만 음의 부호는 나중에 반전되어, 현재 엔트로피라고 하는 재정의된 통계적 H-함수에 적용된 증명은 함수가 최댓값을 향하여 변한다는 것을 보여준다. 그 증명은 미시적이고 통계적으로, 시스템이 평형상태일 때 엔트로피가 최댓값을 갖는다는 것을 보여주었다. H-함수는 클라우지우스가 개발한 거시적인 엔트로피에 정확하게 대응하는 미시적인 양이었으며, 다만 부호가 반대였다.

열역학을 역학과 연결시키는 문제에서 주요한 다음 공헌자는 기브스였다. 기브스는 새롭고 더 깊은 기초 위에 통계열역학 분야를 설립했는데, 유럽 과학자들이 그의 업적을 읽고 중요성을 깨달을 때까지 미국에서는 거의 인정받지 못했다. 통계를 적용하기 위한 그의 접근 방식은 당시에는 새로운 앙상블ensembles이라는 개념, 즉 기술하고자 하는 시스템 복제본replica의 가상 대규모 집단에 근거하고 있다. 예를 들어, 온도 조절 장치에 의해 일정한 온도로 유지되는 평형상태에서 시스템의 거동을 이해하고 싶다고 해보자. 우선 일정한 온도나 일정한 부피, 압력을 지닌, 동일한 거시적 제약 조건을 지닌 시스템들의 매우 큰 집단을 상상할 수 있다. 그런데 각 시스템은 거시적 제약과 일치하는 개별적인 분자 또는 원자 속성의 미시적 분포를 가지고 있다. 따라서 개별 시스템은 미시적 수준에서 모두 다르지만 거시적인 열역학적 변수의 수준에서는 모두 동일하다. 이런 상황에서 실제 시스템에 대해 유추하는 특성은 앙상블의 모든 시스템에 대한 해당 속성의 평균이다. '정준 앙상블canonical ensemble' 또는 '기브스 앙상블'이라고도 하는 항온 앙상블만이 유용한 것은 아니다. 예를 들어 '소정준microcanonical 앙상블'이라고 하는 상수 에너지 앙상블을 사용하여 독립된 시스템의 거동을 설명할 수 있다. 항온 앙상블에서 시스템의 에너지는 모두 동일하지 않으며, 단일 항온 시스템에서 속도의 맥스웰-볼츠만 분포와 유사한 방식으로 분포된다. 일정한 부피 또는 일정한 압력과 같은 다른 제약 조건을 도입하면 다른 종류의 앙상블을 활용할 수 있다.

기브스의 구체적인 업적은 2장에서 논의했던 유명한 상의 규칙으로, 종종 기브스의 상규칙, 상률이라고도 한다. 나중에 열역학의 적용 범위를 논의할 때 이 내용을 다시 다룰 것이다. '통계역학'이라는 용어와 화학 퍼텐셜(질량 단위당 자유에너지), 3개의 공간 위치 좌표와 3개의 운동량 좌표로 이루어진 6차원 '공간'에 해당하는 상공간phase space의 개념을 도입한 사람도 기브스였다.

열역학과 물질의 새로운 묘사: 양자역학

미시적 수준에서 물질의 본질에 대한 개념의 혁명은, 막스 플랑크가 고정된 온도의 물체로부터 자연적으로 방출되는 복사 분포를 설명하면서 복사에너지는 연속적인 흐름이 아니라 '양자quanta'라고 부르는 불연속적인 단위로 주어져야 한다고 제안한 1900년에 시작되었다. 복사에너지에 대한 이전의 아이디어는 분명히 잘못된 것이었다. 왜냐하면 어떤 물체라도 점점 더 작은 파장의 에너지를 더 많이 방출하여 무한히 작은 파장으로 이루어진 무한의 에너지 방출을 예측했기 때문이다. 이것은 확실히 불가능하고 잘못되어서 '자외선 재앙ultraviolet catastrophe'으로 알려지게 되었지만, 플랑크 이전에는 어떻게 수정해야 할지 명확하지 않았다. 복사가 불연속적인 양자로 주어지고 각 양자의 에너지가 복사의 주파수에 정비례(따라서 파장에 반비례)하도록 함으로써 그러한 불일치를 해결하여, 복사가 최대치인 주파수 이상의 영역에서는 주파수가 증가함에 따라 물체의 복사량은 줄어들게 된다. 희미한 적색으로 빛나는 물체는 밝은 노란색의 물체보다 뜨겁지 않기 때문에, 방출되는 복사의 최대 주파수와 총량은 물체의 온도에 따라 증가한다.

1905년 아인슈타인이 충분히 짧은 파장의 빛이 물질에 부딪칠 때 전자가 방출되는 광전효과를 불연속적인 양자 형태의 복사로 설명하면서 큰 진전이 있었다. 이 발견으로 그는 노벨상을 수상하였으며, 나중에 같은 해에 발표한 세 가지 중요한 발견(특수상대성, 브라운 운동에 대한 설명, 광전효과의 원인) 중에서 광전효과의 설명이 진정으로 상을 받을 가치가 있다고 말했다. 광전효과 분석을 통하여 아인슈타인은 방출되는 것과 정확히 동일한 주파수를 가진 입사 복사incident radiation의 자극에 의해서 들뜬 원자 또는 분자가 복사를 방출하고 에너지를 감소시킬 수 있음을 보였다. 이 과정은 '자극 방출stimulated emission'이라고 하며, 레이저의 기초가 된다.

다음 단계는 닐스 보어가 수소 원자에서 나오는 스펙트럼선의 형태로 복사를 설명하는 모형을 고안한 것이었다. 그는 훨씬 더 무겁고 양의 전하를 띠는 양성자와 결합된 하나의 전자는 각각 매우 특정한 에너지를 가진 특정 상태에서만 존재할 수 있다고 제안했다. 전자가 높은 에너지의 특정 상태에서 낮은 에너지 상태로 떨어지면 특정 스펙트럼 파장에 해당하는 광양자가 방출될 것이다. 마찬가지로, 특정 에너지의 양자가 낮은 에너지 상태에 있는 전자에 흡수되면 그 전자는 더 높은 에너지의 상태로 올라가게 된다. 보어 모형에는 결합 전자에 대해 가능한 가장 낮은 에너지 상태(바닥상태)부터 무한한 수의 더 높은 에너지 결합 준위가 있으며, 전자가 양성자로부터 자유로워지기 위해 필요한 에너지로 수렴된다. 결합 준위의 한계 이상에서 전자는 어떤 파장의 에너지도 흡수하거나 방출할 수 있다. 이 한계 아래에서는 2개의 개별 준위 사이의 차이에 해당하는 에너지 양자만이 흡수되거나 방출될 수 있다. 1924년 독일 물리학자 하이젠베르크와 슈뢰딩거가 보다 정교하고 복잡한 '양자역학'을 발견하고 다른 사람들이 이를 발전시키기 전까지, 보어 모형을 하나 이상의 전자를 가진 원자까지 확장하기는 어려웠다. 지금 우리는 양자역학을 사용하여 원자 수준에서 일어나는 거의 모든 현상을 설명한다. 실제 당구공을 비롯한 모든 일상 경험과 같은 거시적 수준에서는 뉴턴의 역학이 여전히 유효하고 유용하지만, 양자역학의 설명이 유효한 원자 수준에서는 적용되지 않는다.

양자역학은 열역학과 어떤 관련이 있을까? 궁극적으로 양자역학은 원자 수준과 관련이 있고, 열역학은 거시적 시스템에 적합하다. 양자역학은 특히 저온의 시스템과 관계가 깊다. 가장 중요한 부분은 양자역학이 단순한 입자의 기본 특성에 관해 밝혀낸 놀라운 특성에서 비롯된다. 양자역학을 통해 입자에는 인도 물리학자 보스의 이름을 딴 보손boson과 이탈리아계 미국 물리학자 페르미의 이름을 딴 페르미온fermion이라는 두 종류가 있다는 것이 밝혀졌다. 전자電子는 페르미온이고, 핵에 2개의 중성자와 2개의 양성자가 있는 헬륨 원자는 보손이다. 이 둘의 차이점은 선택된 상태에 있을 수 있는 동일한 보손의 수에는 제한이 없지만 특정 상태를 차지할 수 있는 페르미온은 오직 하나뿐이라는 사실이다. 페르미온 하나가 어떤 상태에 존재하면 다른 모든 동일한 페르미온은 그곳에 들어갈 수 없다. 가장 낮은 상태와 그보다 높은 에너지 상태를 갖는 보손 시스템을 식히고 온도를 점점 더 낮추어 시스템에서 에너지를 빼내면 개별 보손이 모두 낮은 상태로 떨어지며, 시스템이 에너지를 잃으면서 점점 더 많은 보손이 최저 에너지 상태로 떨어질 수 있다. 이에 비해서, 일단 하나의 페르미온이 존재하는 상태로는 다른 페르미온이 들어갈 수 없으므로 페르미온들은 여러 상태에 쌓이게 된다. 보손 시스템과 페르미온 시스템의 성격과 행동 사이에는 질적 차이가 있다는 뜻이다. 이러한 차이는 시스템의 에너지가 너무 낮아서 점유된 에너지 상태의 대부분 또는 전부가 매우 낮은 상태일 때 나타나게 된다.

개별적이고 양자화된 준위 때문에 원자, 분자, 전자는 극저온에서 실온의 물질과는 매우 다른 특성을 나타낼 수 있다. 예를 들어 좁은 공간에 갇힌 보손은 대부분의 입자가 실제로 가장 낮은 에너지 상태에 있는 온도로 냉각될 수 있다. 이러한 상태의 시스템을 보스 또는 보스-아인슈타인 응축이 되었다고 한다. 마찬가지로, 페르미온은 쌓여 있는 에너지 준위에서 허용된 가장 낮은 상태들에 대부분의 입자가 존재하는 방식으로 냉각될 수 있다.

열역학 제3법칙과 관련한 이러한 거동에는 흥미로운 의미가 있다. 일반적으로 '등온isothermal' 시스템이라고 부르는 일정한 온도의 시스템은 '고립된isolated' 또는 '등에너지isoergic' 시스템이라고 하는 일정한 에너지를 갖는 시스템과 구별할 수 있다. 또한 공통의 일정한 온도에 존재하는 시스템들의 기브스 앙상블(정준 앙상블)과 일정한 공통 에너지를 갖는 시스템들의 앙상블인 '소정준 앙상블'을 구별할 수 있다. 열역학 제3법칙에 따르면 온도에는 0켈빈 또는 0K라고 부르는 절대 하한이 존재한다. 또한 이 법칙에 따르면 시스템을 0K로 만들 수는 없다. 그러나 원자의 집합을 가능한 가장 낮은 양자 상태로 만들 수 있다면, 정확히 0K에 해당하는 상태로 만들 수 있다. 입자들이 공간의 한정된 영역인 '상자'에 갇히고, 모든 입자가 상자의 경계에 의해 허용된 가장 낮은 상태에 존재할 수 있는지는 해결되지 않은 문제이다. 하지만 그런 일이 일어날 수 있고, 현재 이용할 수 있는 방법으로 가능하다면 그 시스템은 제3법칙을 명백히 위반하여 0K에 존재할 것이다. 그러나 그러한 초저온 시스템을 만드는 것이 가능하더라도 그것은 비교적 적은 수의 입자로 구성된 시스템에서만 가능하며, 10^{15}개의 원자와 같이 매우 작지만 거시적 크기의 시스템에서는 불가능하다. 다시 말해서, 충분히 작은 시스템에서는 열역학 법칙 중 하나를 위반하는 것을 볼 수 있다. 엔트로피는 항상 증가해야 하지만, 시스템이 너무 작아서 요동이 자주 일어나고, 감지될 수 있을 정도로 큰 경우에는 일시적인 요동이 제2법칙을 위반하는 것을 볼 수 있다. 이를 통해 우리는 열역학이 진정으로 거시적 시스템의 과학이며, 여러 측면에서 구성 입자의 수가 많다는 특성에 의존한다는 것을 알 수 있다.

실제 시스템이 0K의 온도에 이를 수 있다는 개념은 또 다른 종류의 역설, 열역학에 의해 정확하게 설명될 정도로 큰 시스템과 작은 시스템을 구별하는 역설을 소개한다. 전통적으로 가장 널리 사용되는 기브스 앙상블의 두 가지 개념은 정준 또는 항온 앙상블과 소정준 또는 상수 에너지 앙상블이다. 항온 시스템은 상수 에너지 시스템과 여러 가지 면에서 매우 다른 거동을 보여주므로, 각각의 시스템을 설명하는 정준, 소정준 앙상블이 일반적으로 매우 다르다는 것을 자연스럽게 알 수 있다. 그러나 모두가 가장 낮은 양자 상태로 존재하는 시스템의 앙상블을 생각해보면, 시스템은 일정한 에너지를 가지므로 소정준 앙상블에 의해 설명되지만, 모두가 동일한 온도 0K에 있기 때문에 정준 앙상블에 의해서도 설명될 수 있다. 여기서 정준, 소정준 앙상블이 동등한, 특별한 상황에 처하는 역설에 이르게 된다. 전통적인 열역학의 규칙에 맞지 않는 상황을 여기서 다시 보게 되지만, 이런 경우는 실제로 시스템을 가장 낮은 양자 상태로 가져올 수 있는 작은 시스템에서만 가능하다.

열역학은 거시적 시스템에 유효하고, 소수의 원자 또는 분자로 구성된 매우 작은 시스템을 설명하기에는 부적절한 도구라는 것을 알 수 있다. 현대 기술은 19세기와 20세기의 많은 시간 동안 상상할 수 없었던 작은 시스템을 연구할 수 있는 도구를 제공한다. 이 새로운 기능은 지금 막 탐구되기 시작한 새로운 종류의 질문을 가능하게 한다. 열역학적 설명이 거시적 시스템에는 유효하지만 매우 작은 시스템에는 실패하는 이 현상에 대해 다음과 같이 질문할 수 있다, "열역학에 기반하여 예측한 거동이 틀리거나 오차가 있는 것으로 관찰되는 가장 큰 시스템의 대략적인 크기는 얼마인가?" 다음 장에서 알아보자.

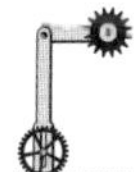

6

열역학의 전통적인 범위를 어떻게 넘어설 수 있는가?

우리는 열역학으로 잘 설명되는 거시적 시스템의 일반적인 특성이 작은 시스템에는 적용되지 않는 경우가 있다는 것을 알았다. 예를 들면 앞서 본 원자 또는 분자의 수가 매우 적어서 모든 입자가 가장 낮은 양자 상태에 존재할 수 있는 경우에는 제3법칙을 위반할 가능성이 있다.

또 다른 예는 기브스 상의 규칙이다. 자유도의 수 f는 성분 또는 독립적인 물질의 수 c와 평형상태에 있는 상의 수 p에 의존한다. $f=c-p+2$이기 때문에 단일 물질의 서로 다른 상인 물과 얼음은 하나의 자유도만 가질 수 있다. 그러므로 1기압의 압력에서, 두 상이 평형을 이룰 수 있는 하나의 온도(0°C)만 있는 것이다. 물의 '상평형 그림phase diagram'은 고체, 액체, 기체 형태의 물이 안정적으로 존재할 수 있는 온도와 압력 영역을 나타낸

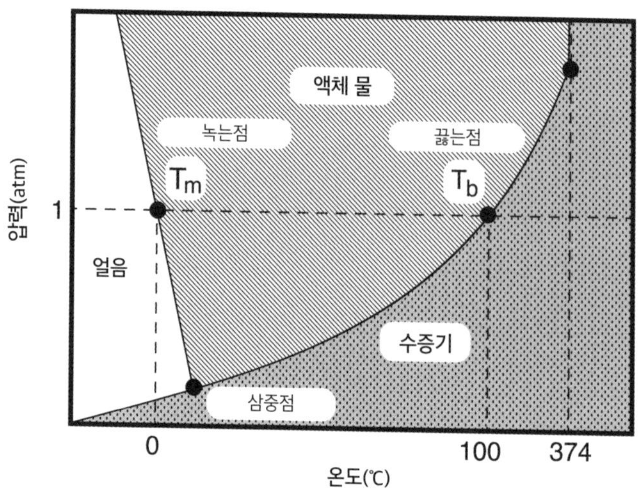

그림 22 물의 상평형 그림. 흰색 영역에서는 고체인 얼음이, 줄무늬 영역에서는 액체 물이, 점 영역에서는 수증기가 안정적이다. 얼음과 액체 물은 흰색과 줄무늬 영역을 분리하는 경계에 해당하는 조건에서 평형상태로 공존할 수 있다. 줄무늬와 점 영역을 분리하는 곡선을 따라 액체 물과 수증기도 평형상태로 공존할 수 있다. 세 가지 형태 또는 상은 '삼중점'으로 표시되어 있는 단일한 온도-압력 조건에서 함께 공존할 수 있다. (Barbara Schoeberl, Animated Earth LLC 제공)

다(그림 22). 영역 간 경계에서는 상이 공존할 수 있다. 따라서 압력을 바꾸면 물과 얼음이 공존할 수 있는 온도도 바뀐다. 이 규칙은 거시적 시스템의 공존하는 상의 거동을 설명하며, 거시적 시스템에 대해서는 보편적으로 진실인 것처럼 보인다.

하지만 10, 20, 50개의 원자와 같은 작은 집합체의 거동을 살펴보면, 실험과 컴퓨터 모의실험 모두에서 이런 작은 물체의 고체와 액체 형태가 관측 가능한 온도와 압력 범위 내에서 관찰 가능한 양으로 공존할 수 있음을 확인했다! 이들의 공존은 주어진 압력에서 단일 온도로 제한되지 않는다. 이는 원자와 분자의 작은 집합체가 기브스 상의 규칙을 따르지 않는다는 말이다. 그러나 평형에 대한 근본적인 열역학 원리를 주의깊게 살펴보면 명백히 이상해 보이는 이 현상이 이해가 가고, 실제로는 기본 열역학을 위반하는 것이 아니라는 것도 알 수 있다.

물질의 두 가지 형태 A와 B가 평형상태에 있는 경우, 그 양 [A]와 [B]의 비율은 온도에 의존하는 평형상수 $K_{eq} = [A]/[B] = \exp(\Delta G/kT) = \exp(N\Delta\mu/kT)$로 주어진다. N이 거시적 시스템에 해당하는 값을 가지거나 N이 단지 몇 개의 원자나 분자에 해당할 때 이 수식이 알려주는 것을 조사해야 하니 마지막 형태를 사용하자. 두 상 사이의 원자당 자유에너지 차이 $\Delta\mu/kT$가 매우 작아 10^{-10}이라고 가정하면, 입자당 평균 열에너지인 kT가 원자 또는 분자당 자유에너지의 차이보다 10^{10}배 더 크게 된다. 그리고 우리는 작지만 거시적 시스템을 다룬다고 가정해보자. 1천분의 1몰보다 작은, 겨우 10^{20}개 입자로 이루어진 대략 모래 한 알 정도이다. 이 경우에 두 가지 형태의 비율인 평형상수는 두 개의 상 중에서 어떤 것이 더 낮은 자유에너지를 가져 선호되는지에 따라 임청나게 큰 $\exp(10^{10})$이거나 극히 작은 $\exp(10^{-10})$이다. 이것은 두 가지 형태의 자유에너지와 화학 퍼텐셜이 정확한 평등 조건에서 아주 조금만 떨어져 있어도, 소수 종은 무한히 적은 양으로 존재하기 때문에 전혀 감지할 수 없을 것이라는 사실을 알려준다.

일정한 압력에서 물질의 상변화가 온도에 따라 갑작스럽고 급격하게 변하는 것처럼 보이는 까닭이 바로 이러한 특성 때문이다. 원칙적으로 상전이phase transition는 연속적이지만 실제적으로는 거시적 시스템의 경우 급격한 변화로 간주하여 불연속적인 것처럼 다룰 수 있다. 이것이 주어진 압력에서 물이 정확히 특정한 녹는점과 끓는점 온도를 갖는다고 말하는 이유이다.

이제 같은 분석을 작은 집합체에 적용해보자. 시스템이 단지 10개의 원자로 구성되어 있다고, 즉 $N=10^{20}$이 아니라 10이라고 가정하자. 이 경우 K_{eq}는 온도 및 압력 범위에서 쉽게 1에 근접할 수 있다. 예를 들어, $\Delta\mu/kT$가 ± 0.1인 경우, 선호되는 형태의 원자당 자유에너지는 선호되지 않은 것보다 10배 낮다. $K_{eq}=\exp(\pm 0.1\times 10)=\exp(\pm 1)$ 또는 약 2.3이나 1/2.3이 된다. 이것은 두 가지 형태의 원자당 자유에너지가 10배만큼 다를 때 평형상태에서 더 선호되는 형태와 덜 선호되는 형태를 쉽게 관찰할 수 있다는 의미이며, 이는 기브스 상의 규칙을 분명히 위반하는 것이다. 그런데 이런 명백한 이상 현상은 기본 열역학과 완전히 일치한다. 기브스 상의 규칙은 원자 크기 시스템이 아니라 거시적 물질에 대한 법칙이라고 했다. 소수 종의 비율이 어느 정도 커야 실험적으로 발견될 수 있는지를 안다면 논의를 이어갈 수 있다. 예를 들어 물의 경우 섭씨 0도에 해당하는 공식적인 어는점보다 낮은 온도에서 액체 상태를 관찰할 수 있는 원자 집합체의 크기를 알아낼 수 있다. 액체와 고체가 공존하는 온도 범위의 하한값도 찾을 수 있다. 예를 들어 75개 이하의 아르곤 원자로 구성된 집합체의 경우에는 고체와 액체 형태가 섭씨 몇 도에 걸쳐 공존할 수 있음을 실험으로 확인했다. 그러나 집합체가 100개의 원자만큼 크면 공존 온도 범위가 너무 좁아서 오늘날 사용하는 도구를 사용해서는 급격한 변화를 결코 감지할 수 없다.

열역학과 평형

지금까지 살펴본 것처럼, 열역학은 거시적 시스템, 그 시스템의 평형상태, 평형상태 사이의 이상적인 변화, 이상적인 변화를 자연적인 한계로 취급함으로써 상태 간에 변화를 실행하는 실제 시스템의 성능에 대한 한계를 다룬다. 카르노 순환과정을 따르든 다른 순환 경로를 따르든, 이상적인 가역 열기관에는 뜨거운 열원에서 뽑아낸 열에 대한 생성된 일의 양을 나타내는 효율이 있는데, 열에너지 일부는 일로 바꾸고 일부는 차가운 흡입처에 저장한다. 카르노가 가르쳐주었듯이, T_L과 T_H가 각각 차가운 흡입처와 뜨거운 열원의 온도일 때 가능한 최대 효율은 $1-(T_L/T_H)$이다. 이상적인 엔진이 순환과정을 거치기 위해 수행하는 최소 단계는 실제로 하나의 평형상태에서 다음 평형상태로의 변화를 의미한다. 이상적인 가역 순환과정이란 가상의 평형상태의 연속이며, 그것이 가역성의 본질이다. 시스템의 역사가 아닌 시스템 자체를 보고 있다면 시스템이 어떻게 현재 상태로 되었는지, 다음에 어떻게 될지 결코 알 수 없다. 물론 실제 엔진은 작동할 때 평형상태에 있지 않다. 경로를 따라 매 순간마다 엔진에 압력, 부피, 온도를 부여함으로써 유효하고 근사적으로 설명하지만, 엄밀히 말하면 작동하는 동안 지속적으로 상태가 변하기 때문에 평형상태는 아니다. 매 순간마다 하나의 압력, 부피, 온도를 실제 엔진에 부여할 때 상당히 정확하고 유효한 근사치를 만들지만 엄밀히 말하면 그것은 어디까지나 근사치이며 허구인 것이다. 하지만 매우 유용할 정도로 충분히 정확하다.

전통적인 열역학이 평형상태와 이러한 상태들 사이의 경로와 관련된 변화를 다룬다는 사실은 오랫동안 받아들여져왔다. 실제로, 열역학이 타당하게 적용되는 영역에 대한 암묵적 한계가 있었다. 전통적인 열역학을 사용할 수 있는 시스템은 항상 평형에 가까워야 한다. 그러나 20세기가 진행되면서 이러한 한계는 도전받았고, 열역학의 주제가 평형상태에 있지 않은 시스템으로 확장되기 시작했다. 여기서 이런 확장에 대해 광범위하게 다루지는 않겠지만, 확장의 내용과 그것이 어떻게 쓰이는지에 대해 간략히 설명하려 한다.

가장 중요한 첫 번째 단계는 흐름flow을 변수로 도입하는 것이었다. 평형상태에 있지 않은 시스템을 설명하려면 특성을 설명하기 위한 추가 변수가 필요하다. 예일대학교 화학과 교수 라르스 온사게르는 각 특정 종류의 질량, 열 등 다른 변수가 시스템에서 변화하는 비율을 나타내는 다양한 흐름들 사이의 관계를 밝힘으로써, 평형에 가깝지만 평형은 아닌 시스템을 설명하는 방법을 공식화했다. 평형을 벗어난 시스템은 평형에 있는 시스템보다 더 복잡하므로 시스템과 복잡성을 설명하기 위해 더 많은 정보를 사용해야 한다. 온사게르가 개발한 이론에서 유속이 바로 그런 추가 정보를 제공한다. 이런 추가 변수는 열역학의 기존 변수를 늘린다. 물론 평형상태가 아닌 시스템은 일반적으로 시스템 내의 다른 위치에서 다른 온도 값을 갖는다. 종종 서로 다른 구성 물질의 상대적인 양이 다르기도 하다. 그러나 온사르게의 접근 방식이 적용되는 상황에서는 기존 열역학적 변수의 값을 시스템 내 각 지점, 각 위치에 연결할 수 있다. 이러한 조건을 '국소 열평형local thermal equilibrium', 줄여서 LTE라고 한다.

이 연구에 자극을 받아 다른 연구자들은 열역학을 확장하여

0이 아닌 실제 속도로 작동하는 시스템을 다룰 수 있는 새로운 방법을 찾았다. 예를 들어, 생산적인 방향 중 하나는 열역학 퍼텐셜 개념을 실시간으로 작동하는 과정으로 확장하는 것이었다. 앞서 논의한 바와 같이, 전통적인 열역학 퍼텐셜은 그 변화가 성능에 대한 절대적인 자연의 한계를 나타내는 함수이며, 일반적으로 이상적이고 무한히 느리게 작동하는 가역적인 기계로 특정한 과정을 수행할 때 필요한 최소 에너지이다. 압력, 부피, 온도의 불변성이나 이들 중 임의의 두 가지 조합에 의한 제한 조건은 서로 다른 열역학 퍼텐셜을 요구한다. 물론 실시간 과정으로 확장하려면 더 많은 정보가 필요하다. 구체적으로, 실시간 과정을 기술하기 위한 전통적인 열역학 퍼텐셜에 해당하는 함수는 피할 수 없는 손실 과정에 대한 지식을 요구한다. 예를 들어 움직이는 피스톤과 관련된 과정이 특정한 시간 내에 수행되는 경우, 용기 벽에 대한 피스톤의 마찰은 피할 수 없는 에너지 손실이며, 과정을 설명하기 위해 적합한 열역학 퍼텐셜에 포함되어야만 한다. 성능의 이런 확장된 한계를 '유한-시간 퍼텐셜'이라고 한다.

열역학을 유한 시간으로 확장할 때 고려해야 할 또 한 가지는 과정에 투입된 총 에너지당 수행한 일인 효율과 달리, 최적화하고자 하는 최소 한 가지 이상의 양, 즉 단위 시간당 전달되는 유용한 에너지의 양인 동력power이다. 이것은 두 명의 캐나다인

프랭크 커즌과 보예 알본에 의해 처음 연구되었다. 그들은 최대 동력을 얻기 위한 경우와 최대 효율을 얻기 위한 경우의 열기관의 최적화를 비교했다. 최대 효율이 $1-T_L/T_H$로 주어지는 카르노의 수식과 달리 엔진이 최대 동력을 공급할 때의 효율은 $1-\sqrt{T_H/T_L}$이며, 온도 비율의 제곱근이 단순한 온도 비율을 대체한다. 물론 최대 동력을 생산하는 경로는 무한히 느린 가역 경로인 최대 효율 경로와는 매우 다르다. 동력은 에너지가 실제로 유한한 시간에 전달되어야 하기 때문이다.

엔트로피 생성의 최소화와 같은 다른 종류의 열역학적 최적화는 실제 유한 시간 과정에도 유용할 수 있다. 이 최적화는 최대 효율 및 최대 동력 기준과는 다른 '최상의 방법'을 사용한다. 각각은 원하는 성능을 달성하기 위해 서로 다른 '최상의' 경로를 찾는다. 그래도 모두 거시적 특성 및 변수에 의존하고, 어떤 기준으로든 성능을 최적화하려는 열역학의 정신에 잘 부합한다.

선택한 '최상의' 기준이 무엇이든, '가능한 최상의' 성능을 달성하거나 그에 접근하기 위한 실제 과정을 설계하고 구성하려면 또 다른 중요한 단계를 수행해야 한다. 선택한 '최상의' 성능 기준을 가능한 한 가깝게 충족하는, 순환하거나 연속적인 흐름 과정의 경로를 찾는 것이다. 이를 찾는 수학적 방법이 '최적제어이론optimal control theory'이다. 가장 길거나 가장 짧은 것과 같은 극한의 경로를 찾는 연구는 요한 베르누이와 다른 수학자들에 의해 1870년대에 시작되었고, 활발한 연구가 계속되어 1950년대와 60년대에 맹인 수학자 레프 폰트랴긴과 다른 러시아인들의 연구로 아마도 정점을 찍었을 것이다. 그들이 도입한 공식적인formal 수학적 방법은 이제 계산 시뮬레이션에 의해 보완되거나 심지어 대체될 수 있으며, 사용 가능한 기술로 원하는 최적의 경로에 최대한 가깝게 접근할 수 있도록 과정 경로를 설계할 수 있다.

때때로 열역학은 이전에 그렇게 인식되지 않았던 무언가를 제어 가능한 변수로 취급할 수 있다는 사실을 알려준다. 예를 들어 석유 정제, 위스키 제조 등 가장 널리 이용되는 산업용 열 구동 과정의 하나인 증류는 지금도 학부 실험실 과정에서와 동일한 방식으로 사용된다. 증류될 물질이 놓여 있는 증류탑의 바닥으로부터 열이 공급되고, 용기 위의 칼럼은 일반적으로 냉수의 일정한 흐름에 의해 냉각된다. 혼합물에서 가장 휘발성이 높은 성분은 휘발성이 적은 성분보다 칼럼의 상단으로 더 쉽게 올라가지만 칼럼의 전체 높이를 따라 여러 단계의 응축 및 재증발을 거쳐야 한다. 이때 낭비되는 많은 열이 재증발로 들어간다. 바닥의 열원 위에 있는 칼럼의 온도 분포를 제어변수로 취급함으로써, 원하는 분리를 달성하는 데 필요한 열 입력을 최소화할 수 있다. 이것이 바로 증류 효율을 극대화하기 위해 최적 제어를 적용한 예이다.

다른 과정의 경우 동력을 최대화하거나 엔트로피 생성을 최소화하기 위해 유사한 최적화를 수행할 수 있다. 그 값을 선택할 수 있는 올바른 제어변수를 식별하고 선택하는 일은 종종 지적인 도전이기도 하다. 일단 변수가 선택되면, 최적화하기 위해 선택한 기준에 따라 최상의 성능을 제공하는 값의 경로를 수학적 분석을 통해 찾을 수 있다. 증류탑의 온도 분포는 그 상황에 특정한 예일 뿐이며, 최적화하려는 각 과정에는 자체 제어변수가 있다. 당연히 실제로 제어할 수 있는 것을 제어변수로 선택하는 것도 중요하다!

현재의 상태에서, 전통적인 변수들(온도와 부피, 밀도와 압력)이 적용될 수 있고 유속과 같은 다른 것들에 의해 보완될 수 있는 시스템을 설명하는 데 있어서, 열역학을 비평형 시스템으로 확장하는 것은 유용한 도구가 될 수 있다. 그러나 시스템이 평형과 멀리 떨어져서, 예를 들어 연소처럼 전통적인 변수가 너무 빠르게 변해서 유용하지 않은 경우에는 열역학 방법이 개발되고 확장되더라도 적용되지 못한다. 이런 현상들에 대해서는, 예를 들어 잘 알려진 전통적인 화학반응 동역학의 대부분과 반응 동역학의 다른 측면을 포함하여, 문자 그대로 현재 연구의 최전선에 있는 다른 접근법을 찾아야 한다.

7

열역학은 과학에 관해 무엇을 가르쳐줄 수 있는가?

통합 과학으로서의 열역학은 처음에는 열기관을 보다 효율적으로 만들고 열에서 최대한 많은 일을 얻기 위한 실질적인 노력에서 자극을 받아 발전했다. 광산 운영자가 해결해야 할 과제는 광산에서 물을 뽑아내는 증기기관을 가동하는 데 필요한 연료에 최대한 적은 돈을 쓰는 것이었다. 와트의 증기기관과 카르노의 분석은 그러한 탐색에서 비롯된 것이다. 열역학에 관한 기초과학은 그 시절 동시대인들과 후계자들이 광산 공동체에 도움을 준 이후에야 등장했다. 이 공학적 문제를 해결하는 과정에서 열의 본질에 대한 이해와 함께 빛, 열, 기계적 일, 전기의 상호 전환성을 깨닫게 되었다. 에너지에 대한 명확한 개념도 이러한 이해와 함께 나왔다. 아마도 힘들었겠지만, 지금까지 우리는 이 상호 전환 가능성이 어떻게 강력한 과학의 중심 토대가 되는 에너지와 엔트로피의 통합 개념을 이끌어냈는지를 살펴보았다. 특정한 응용 문제에서 자극을 받아 기본적이고 일반적이며, 통합적인 지식이 만들어진 모범 사례라 할 만하다.

이것은 20세기와 21세기에 널리 인정되고 받아들여지는, '기초에서 응용으로'라는 패러다임과는 흥미로운 대조를 이룬다. 이 패러다임은 그 타당함을 많은 사례로 입증하고 있다. 그러나 열역학의 진화를 통해 알 수 있듯, 응용 문제로부터 기초가 생겨나거나 새로운 기초 지식에 의해 밝혀진 잠재적 가능성을 인식함으로써 응용이 가능해지는 것처럼, 개념과 그 결과는 쌍방향으로 흐를 수 있다. 레이저는 아인슈타인의 복사 분석의 결과이자 정확한 주파수의 빛이 에너지가 적절히 공급된 입자를 자극하면 그 주파수의 빛을 더 많이 방출할 수 있다는 필연성의 결과이다. 이것은 기초과학이 매우 중요한 응용으로 이어진 사례이다. 나선형의 순차적 DNA 구조라는 '순수한' 기본 특성이 궁극적으로 유전자 제어를 수행하기 위한 새롭고 실용적인 방법으로 이어지기도 했다. 이런 측면에서 열역학은 과학의 진보에 대한 우리의 관점을 넓혀준다. 기초가 응용으로 이어지거나, 열역학에서 보듯 응용이 기초로 이어질 수도 있다.

자연을 바라보는 변수와 방법

고전 및 양자역학은 원자든 테니스공이든 행성이든 개별 요소의 거동 측면에서 자연을 설명한다. 두 가지 접근 방식에서 사용하는 기존 변수는 해당 요소의 위치와 운동이 어떻게 변화하고 서로의 속성에 어떤 영향을 미치는가를 설명한다. 이를 '미시적 접근'이라고 하며 위치, 속도, 가속도, 운동량, 힘, 운동 및 위치에너지가 변수이다. 하지만 이런 접근 방식이 실제로 미시적인 물체에만 국한되는 것은 물론 아니다. 당구공이나 야구공과 같은 개별 물체를 묘사하는 데도 똑같이 유효하다. 위치나 속도와 같은 특성을 사용하여 설명하기 때문에 원자와 야구공 모두에 적용할 수 있다. 열역학과 통계역학은 이들과는 아주 다른 방식으로 자연을 설명하는데, 우리가 살고 있는 세계에 대해 알려주는 변수로 일상의 사물과 환경과 관련된 속성을 사용한다. 온도와 압력은 일반적으로 역학이 개별적으로 다루는 아주 많은 요소로 구성된 복잡한 시스템의 특성이다. 온도와 압력은 개별 구성 요소에는 의미가 없다. 운동량과 속도는 전체 시스템을 테니스공과 같은 개별 구성 요소로 취급하지 않는 한, 특히 평형상태의 복잡한 시스템에는 의미가 없다.

똑같은 테니스공을 복잡한 분자 구조를 완전히 무시한 채 적절한 역학적 설명에 쓰이는 단일 구성 요소로 다룰 수도 있고,

속도와 운동량을 무시하고 적절한 열역학적 거시적 설명을 사용하면 온도와 내부 압력을 가진 분자들의 복합체로 다룰 수도 있다는 사실은 흥미롭다. 단일 물체로 다룰 때는 질량, 질량 중심의 순간 위치, 질량 중심의 속도 및 가속도와 함께 테니스공의 압축성, 공이 표면에 부딪힐 때 구형의 순간적인 일그러짐과 같은 다른 특성을 고려할 수 있다. 반면에 테니스공을 방대한 수의 분자가 안정적이고 다소 탄력적인 물체를 형성하고 있는 것으로 설명할 수도 있다. 그런데 실제로 개별 분자 또는 엔진을 구동시키는 증기에 대해서는 이런 거시적이고 미시적인 두 가지 측면의 설명을 시도할 수 없다. 개별 분자에 대해서는 미시적 접근을, 엔진을 구동시키는 증기에 대해서는 거시적인 열역학적 접근을 사용해야 한다. 물론, 원자를 구성하는 입자의 성질을 살펴보면 새로운 차원의 설명에 도달한다. 각각의 양성자와 중성자도 쿼크와 글루온이라는 입자로 구성되어 있다. 이러한 입자들을 구성하는 더 깊은 또 다른 수준이 있을까? 현재 그러한 증거는 없지만 앞으로 무엇을 발견할지 예측할 수는 없다. 과학의 역사를 살펴보면, 물질의 구조를 더 깊이 조사할 수 있는 새로운 도구가 계속해서 개발되어왔다. 이 여정이 우리를 어디로 데려갈지는 예측할 수 없다.

통계역학과 통계열역학으로서의 통계학은 매우 다른 이 두 가지 방식을 연결하는 다리를 제공한다. 방에 있는 모든 공기 분자의 순간 속도와 위치를 설명하는 것은 상상할 수 없지만, 그럼에도 불구하고 그것들이 양자 또는 고전역학 법칙을 따른다는 것을 인식하고 매우 중요한 확률 개념을 도입함으로써 다음과 같이 질문할 수 있다. "우리가 관찰한 것을 설명하는 거시적 변수를 지정한다면, 많은 공기 분자의 미시적 변수와 관련하여 가장 가능한 조건은 무엇인가?" 다음에는 이렇게 질문해야 한다. "가장 가능한 조건에서 측정 가능한 편차를 관찰할 수 있는 확률은 얼마인가? 다른 가능한 조건과 비교했을 때 가장 가능성이 높은 조건의 확률은 어떻게 될까?" 4장에서 살펴본 것처럼, 입자 수가 아주 많은 시스템의 특성에 따르면 우리가 일반적인 거시적 시스템의 가장 가능성 높은 조건에서 큰 편차를 관찰할 확률은 거의 없다. 모든 공기 분자가 아주 잠시라도 방의 한쪽으로 움직이고 다른 쪽에는 아무것도 남기지 않는 상황을 관찰할 수는 없을 것이다. 그러나 1세제곱센티미터의 상자에 있는 10개의 공기 분자만 고려하면 때로는 상자의 한쪽에서 10개를 모두 찾을 수도 있다. 시스템을 구성하는 기본 개체가 많을수록 해당 시스템의 가장 가능한 거시적 상태와의 편차를 관찰할 가능성은 더 줄어들어 거의 없어진다.

통계와 확률을 사용하는 이런 방법을 통해 우리는 거시적 설명이 실제로 유효하며, 거시적 변수가 거시적 세계에 실제로 적합한 변수라는 것을 알 수 있다. 가장 가능성이 높은 조건과의 편차가 발생할 확률은 거시적 시스템의 구성 요소 수의 제곱근에 비례하기 때문에, 또 매우 큰 수의 제곱근은 큰 수 자체보다 훨씬 작기 때문에 관찰할 수 있을 정도의 편차를 기대하기에는 너무나 무리가 있다.

하지만 이러한 정보를 사용하는 다른 방법이 있다. 가장 가능성이 큰 상태로부터의 요동을 쉽게 관찰할 수 있는 작은 시스템에서는, 보편적으로 옳다고 알고 이해하며 받아들이는 어떤 종류의 거시적 시스템 거동이 부정확하고 부적절할 수 있다. 눈에 띄는 예는 기브스 상의 규칙이다. 상의 규칙은 한 잔의 물과 같은 액체의 온도와 압력을 원하는 대로(물론 한계 내에서) 변화시킬 수 있지만, 두 형태가 평형상태에 있어서 물속에 얼음이 있다고 주장한다면, 1기압에서는 오직 하나의 온도 섭씨 0도에서만 두 개의 상을 유지할 수 있다고 말한다. 압력을 변경하면 두 개의 상이 평형을 유지하기 위한 온도도 달라져야 한다. 얼음, 액체 물, 수증기가 모두 평형상태인 더 엄격한 조건을 원한다면, 그런 온도와 압력은 하나뿐이다. 이것이 상의 규칙, $f=c-p+2$의 내용이다. 서로 다른 상이 평형상태에 있는 조건은 간단히 표현할 수 있다. 입자당 또는 몰당 자유에너지, 다시 말해서 화학 퍼텐셜이 정확하게 서로 같아야 한다.

그런데 아주 작은 시스템, 예를 들어 20개 또는 50개의 원자로 구성된 집합체의 특성을 살펴보면 상의 규칙과는 매우 다른 것을 볼 수 있다. 이렇게 작지만 복잡한 입자들은 온도와 압력 범위 내에서 고체와 액체 형태가 공존할 수 있다. 또한, 이러한 집합체는 한정된 조건 범위 내에서 두 개 이상의 상으로도 공존할 수 있다. 고체와 액체의 자유에너지가 동일한 지점에서는 고체 또는 액체를 발견할 확률도 정확히 같다. 하지만 둘의 자유에너지가 다르면 자유에너지가 낮은 상이 존재할 가능성이 더 높긴 하지만, 다른 '선호도가 적은 상'도 전체 시스템의 소수 구성 요소로서 관찰 가능한 양으로 존재한다.

어떻게 그럴 수 있을까? 보편적이라고 여겨지는 기브스 상의 규칙이 작은 시스템에서는 왜 위반될 수 있을까? 대답은 간단하다. 입자 수가 많은 시스템의 특성 때문이다. 평형상태로 공존할 수 있는 물질의 두 형태 양의 비율은 두 형태 간의 자유에너지 차이인 지수에 의해서 결정된다. 자유에너지 차이인 지수는 물론 차원이 없는 단위여야 한다. 차원이 있는 양을 e 또는 10의 거듭제곱으로 할 수는 없다. 자유에너지는 시스템 온도와 관련된 에너지 단위로 표현되어야 한다. 우리가 살펴본 바와 같이 자유에너지 차이가 원자 단위로 표현되면 kT를, 몰당 기준이면 RT를 사용한다. 예를 들어, 물질 A와 물질 B가 상호 전환될 수 있고 특정 온도와 압력에서 분자당 자유에너지 차이를 kT로 나눈 값이 2의 자연로그이면, A 양과 B 양의 평형 비는 $e^{\log 2}$, 즉 2:1이다. 그런데 시스템이 작지만 확실히 거시적이고(예를 들어 10^{20}개의 입자, 대략 모래 알갱이의 크기), 두 상의 자유에너지 차이가 매우 작은 양인 kT 단위로 10^{-10}정도라면, 두 상의 비율은 $\exp\{\pm10^{10}\}$로 엄청나게 큰 숫자이거나 매우 작은 숫자가 된다. 이것은 원칙적으로 두 개의 상이 서로 다른 자유에너지를 갖는 조건에서 불균등한 양으로 공존할 수 있지만, 공존 범위는 관찰하기에는 너무 좁을 수 있다는 말이기도 하다. 예를 들어, 고체에서 액체로의 연속적인 변화는 일정한 압력의 온도 범위에서 일어나지만, 공존 범위가 너무 좁아서 어떤 수단으로 그러한 변화를 관찰해도 갑작스럽고 불연속적인 변화인 것처럼 보인다. 평형으로 공존하는 두 상은 실제로는 정확히 동등한 지점에서만 볼 수 있다.

하지만 작은 시스템을 살펴보면 20개 또는 50개 원자 집합체의 고체와 액체 상 사이의 자유에너지 차이가 충분히 작아서 차이의 지수 값이 1에 가깝지만 다를 수 있으며, 이것은 자유에너지가 높아서 선호되지 않는 상도 소수의 종으로서 관찰 가능한 양으로 존재할 수 있음을 의미한다. 요컨대, 상의 규칙은 수가 많다는 특성으로 인해 거시적 시스템에는 절대적으로 유효하지만, 소수의 구성 요소 입자로 이루어진 시스템에 대해서는 수가 많다는 절대적 영향이 작용되지 않기 때문에 유효성을 잃게 된다. 실제로, 상의 규칙 위반이 관찰되는 시스템의 최대 크기를 추정할 수도 있다. 100개 정도의 금속 원자로 이루어진 복합체는 관측 가능한 온도 범위에 걸쳐서 공존하는 고체 및 액체 상을 나타낼 수 있으며, 두 상의 상대적인 양은 자유에너지의 차이에 의해 결정된다. 그러나 온도 범위 내에서 75개 아르곤 원자의 고체 및 액체 집합체가 공존하는 것을 관찰할 수 있더라도, 이러한 공존 범위는 100개 아르곤 원자의 집합체에 대해서는 관찰할 수 없을 정도로 좁을 것이다.

보다 광범위하게, 이 예시는 거시적 현상은 거시 과학적 방법에 의해 완전하고 정확하게 설명될 수 있으며, 그러한 유효성은 많은 수라는 특성의 결과이기 때문에 작은 시스템에 대해서는 유효성을 상실한다는 사실을 보여주고 있다. 거시적 접근 방식으로 정확하게 설명되지만 충분히 작은 시스템에는 적용되지 않는 속성에 대해서는, 적어도 원칙적으로 거시적 설명의 유효성을 제한하는 경계에 해당하는 시스템의 크기를 추정할 수 있으며, 거시적 접근의 하한에 해당하는 크기보다 작을 때는 더 미시적인 접근을 사용해야 한다는 점을 지적함으로써 이전 단락의 결론을 일반화할 수 있다. 상의 규칙이 실패한 경우에도 거시적 접근법의 일부 측면을 계속 사용하여 자유에너지를 각 상의 원자 집합체와 계속 연관시키고, 그 차이의 지수로부터 관측할 수 있는 각 상의 상대적인 양을 알 수 있다. 그러나 이 주제의 최첨단에서 우리는 이렇게 물어볼 수 있다. 가장 가능한 분포로부터 어떤 요동이 관찰될 수 있을까? 어떤 의미에서, 거시적 수준에서는 잘 설명되지만 소규모 시스템의 경우 해당 설명과 일치하지 않는 특성의 경계 크기를 정의할 수 있다. 거시적 설명에서 벗어난 거동을 관찰할 수 있는 가장 큰 크기의 시스템을 찾아내고 때로는 추정할 수 있다. 예를 들어 주어진 크기의 상자에서 아주 잠시라도 모든 분자들이 한쪽에 있는 것을 실제로 관측할 수 있는 가장 많은 분자 수는 얼마인지 질문할 수 있다. 특정 현상에 대한 이러한 '경계 크기'를 찾는 것은 현대 과학의 최첨단에 있는 질문이다.

이를 통해 과학에 대한 더 일반적인 사실을 알 수 있다. 우리는 일상 경험에서 온도, 압력, 열과 같은 개념을 찾아 서로 관계를 맺는 방법을 배울 수 있다. 그런데 우리는 또한 그 개념들에 어떤 깊은 의미를 부여하려고 한다. 그래서 물질이 원자로 구성되고 양성자가 쿼크와 글루온으로 구성되며, 열이 칼로릭이라는 유체로 구성되었다는 (아직은) 관찰하거나 확인할 수 없는 개념과 아이디어를 제안하기도 한다. 19세기가 한참 진행되던 때까지도 원자의 존재는 단지 추측이었을 뿐이며 논란의 여지가 많았지만, 맥스웰과 볼츠만이 원자의 존재, 운동과 충돌을 가정함으로써 많은 관측 가능한 특성을 도출할 수 있음을 보여주지 사람들은 원자의 존재를 훨씬 더 기꺼이 믿게 되었다. 그리고 아인슈타인이 현미경으로 볼 수 있는, 무작위적으로 요동하는 작은 입자들의 운동인 브라운 운동을 입자들이 분자들과 충돌하는 것으로 설명하자, 원자와 분자 개념은 보편적으로 받아들여졌다.

이는 제시된 설명을 검증하기 위한 도구를 어떻게 개발하는가를 보여주는 예들이다. 이 경우에는 궁극적으로 제시된 대상을 실제로 볼 수 있을 뿐만 아니라 원자를 조작하게 되면서 원자 가설을 검증할 수 있었다. 지금은 100억분의 1센티미터 규모로 작동하는 도구를 사용하여 개별 원자를 이동하고 배치할 수 있다. 그러나 원자는 물질의 기본 구성 요소라는 확인되지 않은 믿음(적어도 실제로 관찰한다는 측면에서 검증되지 않은)이 오래 전부터 있었다. 물론 1827년에 로버트 브라운이 현미경으로 꽃가루 알갱이를 관찰하여 발견한 '브라운 운동'은 원자 개념을 지지하는 강력한 증거였다. 입자들이 작은 간격으로 불규칙하게 움직이려면 무언가와 충돌해야 했다. 아인슈타인은 1905년에 관측 가능한 꽃가루 알갱이 입자와 물 분자의 무작위 충돌이 그러한 흔들림을 잘 설명한다는 것을 보여주었다. 더 작은 크기의 규모에서는 양성자가 기본 입자가 아니라 그 역시 더 작은 것, '글루온'으로 함께 붙잡혀 있는 '쿼크'라고 부르는 것들로 만들어졌다는 강력한 증거를 볼 수 있다. 하지만 아직은 쿼크 또는 글루온을 본 적은 없다. 대조적으로, 전자는 더 작은 것으로 이루어져 있지 않은, 실질적인 기본 입자라고 생각한다.

열역학이 통계역학을 통해 원자 이론과 어떻게 연결되는지를 살펴본 것처럼, 새로운 개념을 탐구하기 위한 새로운 도구를 제안하고 검증하며 개발함에 따라 다른 과학도 진화한다. 이러한 도구 중 일부는 실험적으로 새로운 도구이거나 기존 도구의 새로운 사용법을 개발한 결과이다. 또 일부 도구는 어떤 일이 일어나는가에 대하여 질문하고 상상하며 가정하는 새로운 방법으로서, 궁극적으로는 실험이나 관찰에 의해서만 검증될 수 있는 정교한 이론을 이끌어내는 새로운 개념이다. 신비한 암흑물질로 생겨나는 중력은 관찰로부터 발생하는 주요한 수수께끼 같은 도전의 한 예이다. 우리는 중력의 결과를 보지만 그 힘을 생성하는 것을 보지는 못했기에 아직 그 근원이 무엇인지 모른다. 이론과 일치하거나 이론으로부터 예측 가능한 결과를 관찰하는 것은 이론이 맞을 수도 있음을 알려줄 뿐이다. 물론 그 이론과 일치하는 실험과 관찰이 많아질수록 이론을 더 받아들이고 믿을 수 있다. 다른 한편으로, 타당성이 검증된 하나의 실험 결과 또는 관찰이 이론의 예측과 모순된다면 그 사실만으로 이론의 타당성을 반증하기에 충분하다. 과학에서는 아이디어가 맞다는 것보다 틀렸다는 것을 보여주기가 훨씬 쉽다. 이론이나 아이디어와 모순되는 하나의(그러나 확인 가능한) 예면 충분하다.

그런데도 불구하고, 우리는 보편적으로 타당하지는 않지만 어떤 상황에서는 명확하고 정당한 타당성을 가진 개념과 이론을 잘 활용할 수 있다. 열역학이 바로 이러한 경우에 해당한다.

아주 많은 기본 요소로 구성된 시스템에는 적합한 과학이지만, 일부 '규칙' 및 예측은 매우 적은 구성 요소의 시스템을 다룰 때 유효성을 잃는다(물론 열역학에서 비롯된 것으로 생각할 수 있는 에너지 보존과 같은 일부 측면은 모든 시스템에 유효하다). 같은 종류의 한계가 뉴턴역학에도 적용된다. 뉴턴역학은 야구공이나 행성을 설명하는 데 상당히 적합하고 유용하지만, 양자역학을 사용해야 하는 아주 작은 원자 규모에서는 유효하지 않다. 그런데도 불구하고 우리는, 열역학이든 뉴턴역학이든 거시적 규모의 과학이 미시적 규모의 과학에서 어떻게 일관된 방식으로 진화하는지, 통계역학은 열역학이 다체many-body 시스템에 유효해지는 방식을 어떻게 설명하는지, 원자 규모에서 인간의 규모로 이동하면 양자 현상이 어떻게 관찰할 수 없게 되는지를 이해할 수 있다.

열에 대한 칼로릭 이론처럼 때때로 우리는 제시된 개념이 틀렸다는 것을 증명하기도 한다. 그러한 부정의 과정은 과학의 진화를 위한 중요한 경로였다. 부정은 과학에서 언제나 가장 강력한 도구 중 하나였다. 일반적으로, 맞는 아이디어가 실제로 맞다는 것보다 틀린 아이디어가 틀렸음을 보여주는 것이 훨씬 쉽다. '잘못된 것' 하나만으로도 아이디어를 제거하기에 충분하기 때문이다. 그러나 개별 원자를 관찰하는 경우와 같이 제시된 개념이 옳다는 것을 실제로 증명할 수 있는 기회가 가끔 있다. 입증은 최근에서야 가능해졌지만, 우리는 1세기가 넘게 원자의 존재를 받아들여왔다. 종종 우리는 옳다고 증명할 수는 없지만 유용하며, 관찰할 수 있는 모든 것에 일관성이 있는 개념과 함께 살아가고 연구한다. 물질이 원자로 구성되었다는 개념의 상황이 오랫동안 그랬다. 그러한 상태를 통하여 우리는 깨달았다. 과학의 많은 부분은 어떤 아이디어나 개념이 틀렸으며 관찰되는 것과 상반됨을 보여주는 능력에 따라 진화하지만, 관찰할 수 있는 모든 것과 일치하지만 옳다는 것을 증명할 수는 없는 개념도 가지고 살아가야 한다는 사실을 말이다. 때때로 우리는 아이디어가 잘못되었는지 또는 관찰한 것과 일치하지 않는지를 보는 부정적인 방식이 아니라, 긍정적인 방식으로 아이디어를 검증하는 수단을 개발하기도 한다.

과학은 어떻게 진화하는가

과학의 '법칙'과 과학이 자연에 대한 영구적이고 위반할 수 없는 진술로 여겨져서는 안 된다. 우리는 열이 '칼로릭'이라는 유체인지 아니면 물질 기본 입자의 운동의 결과인지에 대한 논란에서 열의 본질 개념이 어떻게 나타났는지를 살펴보았다. 우리는 에너지 개념이 출현하기까지의 난관과 긴장을 보았으며, 점점 더 많이 알게 되면서 이제는 그 개념이 어떻게 바뀌고 확장되었는지 되돌아볼 수도 있다. 아인슈타인의 상대성이론 전에는 에너지와 질량이 완전히 다른 두 가지 자연 현상으로 '알려져' 있었으나, 질량이 에너지와 연관된 에너지의 한 형태라는 것이 유명하고 간단한 관계식 $E=mc^2$으로 밝혀진 후에는 에너지가 취할 수 있는 형태에 대한 개념을 확장해야 했다. '원자에너지'는 말 그대로 질량을 다른 형태의 에너지로 변환하는 것과 관련된 에너지이다. 원자로에서, 일반적으로 우라늄 동위 원소 U^{235}로 주어지는 상대적으로 불안정한 무거운 핵이 분열되고, 분해된 파편 질량의 합은 원래 우라늄의 질량보다 약간 작다. 이러한 질량 손실은 일반적으로 열로 변환되어 전기를 생성하는 데 사용된다.

이 책을 쓰는 시점에도 에너지 개념은 실질적으로 또 다르게 확장되고 있다. 우리는 이제 우주에는 중력을 행사하는 무언가가 퍼져 있다는 것을 안다. 그 본성을 아직 이해하지는 못하지만 존재한다는 사실은 잘 확립된 '암흑물질'이다. 암흑물질은 관찰할 수 있는, 때로는 매우 큰 중력 효과를 나타내기 때문에 질량의 특성을 가져야 하며 따라서 에너지의 다른 형태이다. 은하에 대한 중력 효과로 밝혀진 특성들은 암흑물질이 어디에 있는지 우리에게 많은 것을 말해주지만, 우리는 여전히 그것이 무엇인지 거의 알지 못한다. 암흑물질의 수수께끼를 넘어, 더욱 이해하기 어려운 것은 그것이 무엇이건 간에 관측되는 우주가 가속 팽창하도록 만드는 또 다른 형태의 에너시기 있어야 한다는 사실이다. 그 무언가는 '암흑 에너지'라는 이름으로 불리는데, 이는 곧 암흑 에너지 역시 '에너지'라고 부르는 다른 모든 자연 현상에 포함되어야 한다는 의미이다. 우리가 아는 한, 에너지가 취할 수 있는 많은 형태를 관통하는 하나의 공통 속성은 보존된다는 사실이다. 그것은 정말로 놀라운 것이며, 적어도 이 시대에는 자연의 진실하고 깨질 수 없는 속성으로 기꺼이 받아들여지는, 자연에 관한 몇 안 되는 사실 중 하나일 것이다. 여기에서 독자가 생각해볼 수 있는 흥미로운 질문이 생긴다. 에너지는 발견된 것일까? 아니면 인간의 정신이 발명한 것일까?

오랫동안 완전히 근본적인 것으로 여겨지던 뉴턴역학은 일상생활에서 경험하는 것에 대한 유용한 설명으로 바뀌었지만, 보다 근본적인 양자역학으로부터 유도될 수 있다. 열역학은 보편적인 원칙으로부터 충분히 큰 시스템에 유효하고 유용한 표현으로 변하고 있다. 우리는 항상, 어떤 규모나 상황에서 유용한 개념이 원래 생각했던 것보다 더 제한적으로 적용될 수도 있다는 시실을 받아들일 자세가 되어 있어야 한다. 심지어 열을 구성하는 유체로서의 '칼로릭' 개념처럼 아무리 그럴듯해 보이는 개념도 틀릴 수 있다. 열이 원자 수준에서의 무작위적인 운동의 결과라는 것을 알게 되면서 칼로릭 개념이 어떻게 폐기되었는지도 알아야 한다. 이와 비슷하게, 연소는 '플로지스톤'이라는 물질에 의해 발생하며 방출된 플로지스톤이 문자 그대로 불꽃이라는 생각이 널리 받아들여졌었다. 물론 공기 중에서 연소가 일어나는 것은 나무, 종이, 석탄 또는 그 밖의 무엇이든 가연성 물질이 산소와 결합하는 화학반응의 결과라는 것을 깨달았을 때 이 개념은 폐기되었다. 하지만 플로지스톤설의 예측처럼 연소 과정에서 물질이 무게를 잃는 것이 아니라, 오히려 무게가 증가한다는 것이 발견되고 나서야 비로소 연소의 진정한 본질이 알려졌다.

과학에 대해, 과학이 무엇을 하는지, 과학이 무엇인지, 과학이 어떻게 진화하는지에 대해 더 넓고 멀리 보도록 하자. 과학은 최소한 두 종류의 지식, 관찰과 실험을 통해 배운 것과 실험의 해석을 통해 배운 것, 즉 우리가 이론이라고 부르는 지적 구조로 구성된다. 열역학의 역사를 살펴보면 대포-천공과 관련된 온도 측정에서부터 작은 입자의 브라운 운동 관찰과 암흑물질의 존재를 밝혀낸 천문학적 관찰에 이르기까지 관측 도구가 어떻게 진화하고 개선되었으며 더 강력하고 정교해졌는지를 알 수 있다. 또한 관측 도구가 변화함에 따라 이러한 관측을 해석하는 데 사용하는 이론 역시 수정하고 재구성해야 했다. 또 다른 좋은 예는 물질의 원자 이론의 역사이다. 고대 그리스에서 데모크리토스와 루크레티우스의 사상을 통해 일종의 원자 이론이 생겨났지만, 아인슈타인이 콜로이드 입자의 무작위 브라운 운동을 보이지 않는 더 작은 입자와의 무작위 충돌의 결과라고 설명하기 전에는, 원자 개념이 물질을 무한히 나눌 수 있다는 생각과 상충하며 논란거리로 남아 있었다. 그러나 이제는 우리가 사용할 수 있는 도구가 크게 발전하면서 개별 원자를 실제로 보고 조작할 수 있다. 물질의 원자 이론은 원자의 존재에 대한 확실한 증거가 있기 때문에 논란의 여지가 없다.

개별 과학의 진화를 시간의 흐름에 따라 달라지는 이해의 수준으로 생각할 수 있는데, 관측 도구도 함께 개발되고 더 강력해지며, 이론 또한 그러한 관측을 이해할 수 있도록 발전한다. 따라서 열역학을 비롯한 과학의 다른 모든 영역은 정지된 관찰과 해석의 고정 조합이 아니며, 끊임없이 변화하면서 새로운 종류의 경험을 포괄한다는 의미에서 더 넓어지고 있다. 뉴턴의 물리학은 그것이 의도한 영역, 일상 경험의 역학에서 여전히 유효하다. 어떤 의미에서 양자역학은 그것을 대체했지만 실제로는 유효하도록 남겨놓았고, 적절한 영역에서는 그 의미를 더 깊게 하면서 뉴턴의 설명이 관찰 결과를 설명하지 못하는 분자 수준의 현상을 이해할 수 있게 한다.

열역학에서도 비슷한 패턴이 나타나서, 새로운 종류의 관측뿐만 아니라 새로운 질문을 통해 진화하고 넓어지는 성향을 볼 수 있다. 개념적 진보를 자극한 질문에 따라 그 역사를 추적할 수 있다. 첫 번째 주요 질문은 카르노 업적의 기초가 되었다. '열 구동 기계의 최상의(가장 효율적인) 성능을 어떻게 결정할 수 있을까?' 다른 심오한 질문들이 이어졌다. '에너지란 무엇이며, 그 고유의 특성은 무엇인가?', '시간에 따른 진화의 방향성을 제시하는 것은 무엇인가?', 더 최근에는 '평형에 있는 이상적인 시스템과 순환과정을 기반으로 한 기존의 열역학 도구를, 평형에 있지 않으며 0이 아닌 속도로 작동되는 실제적인 시스템으로 확장할 수 있는가?', '열역학을 상호작용하는 물체의 질량의 곱에 의존하는 에너지를 갖는 은하와 같은 시스템으로 어떻게 확장할 수 있을까?', 더 나아가면 '매우 강력하고 일반적인 열역학 개념을 매우 작은 시스템에 적용하려고 할 때 유효성을 잃어버리는 이유를 이해할 수 있을까?' 같은 질문들이 이어졌다. 열역학은 어떤 의미에서는 5개, 10개 또는 100개의 원자로 구성된 작은 것을 다루고 이해하는 수단이 아니라 아주 많은 구성 요소로 이루어진 것을 다루는 과학이다. 우리는 열역학과 다른 모든 과학이 계속 진화하고 새로 관측된 현상을 설명하며 더욱 도전적인 새로운 질문에 대답할 것으로 기대할 수 있다. 아마도 과학의 진화에는 끝이 없을 것이다. 과학은 계속해서 성장하고 더 포괄적이 되며, 우리는 우주에 대해 더 많은 것을 이해할 수 있겠지만, 이 과정의 끝을 볼 수는 없을 것이다.

열역학의 진화를 통해 부분적으로 살펴본 것처럼, 자연에 대한 개념과 과학에 포함된 실질적인 지식은 결코 확고하게 고정되어 있지 않다. 심지어 에너지 보존 개념이 도전받는 상황도 있었다. 지금까지는 이러한 도전을 극복했지만 그 개념의 유효성에 한계가 없다고 완전히 확신할 수는 없다. 우리가 우주와 그 속의 무엇인가를 탐구하는 새로운 방법을 찾을 수 있는 한 과학은 계속 진화할 것이다.

옮긴이의 말

베이징의 '중관춘'은 중국 최초의 첨단 기술 개발구로 중국의 실리콘밸리라고 불리는 곳이다. 2019년 8월의 뜨거운 여름날 중관춘의 창업거리를 돌아보다 무더위를 식히기 위해 냉방이 잘된 카페에서 이메일을 확인하고 있었다. '번역 제안 관련 메일입니다'라는 제목이 눈에 들어왔다. 전형적인 이과생의 콤플렉스라고나 할까, 멋진 칼럼을 쓸 수 있는 다른 이들에 대한 막연한 부러움만 있지, 글쓰기에는 원래 자신이 없던 터라 번역을 한다는 것은 상상하기 힘들었다. 하지만 어떤 책일까 하는 호기심에 이메일을 열었을 때 제목과 함께 적힌 저자의 이름이 갑자기 선명하게 눈에 들어왔다.

스티븐 베리 교수는 1964년부터 시카고대학교 화학과 교수로 재직하며 분자집합체와 생체고분자의 구조와 동역학을 탐구해온 물리화학자이다. 열역학과 관련해서는 자원관리의 경제적인 의미와 함께 엔진과 프로세스의 최적 성능 달성을 위한 열역학의 적용에 대해 오랜 기간 연구하였으며, '유한-시간 열역학finite-time thermodynamics'이라는 개념을 발전시켰다. 필자가 시카고대학교 박사과정에 입학해서 베리 교수의 열역학 강의를 수강한 것은 지금 돌이켜보면 너무나도 운이 좋은 사건이었다. 첫 수업부터 우리는 열역학이 왜, 어떻게 생겨날 수밖에 없었는지를 베리 교수와 함께 고민했다. 온도, 에너지, 엔트로피 등이 추상적인 개념에 그치지 않고 자연현상을 이해하고 설명하기 위하여 꼭 필요한 이유와 그 진정한 의미, 쓰이는 방식 등에 대해 토론을 이어갔다. 이 책에도 언급되어 있듯, 베리 교수는 열역학이 열기관을 보다 효율적으로 만들어 열에서 최대한 많은 일을 얻기 위한 실질적인 노력에서 출발되었음을 강조한다. 흰 가운을 입고 열기관의 실제 모형을 작동시키면서 열역학의 원리를 열정적으로 설명하던 베리 교수의 모습이 아직도 선하다. 그것은 권위주의적인 당대 석학의 모습이 아닌, 자연의 작은 비밀을 발견한 기쁨에 흥분을 감추지 못하는 소박한 과학자의 얼굴이었으며, 필자도 그러한 기쁨과 흥분을 느껴보고 싶다는 소망을 지니는 계기가 되었다.

원제의 부제 '열역학에 관한 작은 책A Little Book on Thermodynamics' 아래 쓰여 있는 베리 교수의 이름만으로 30년도 지난 오랜 기억들을 단숨에 소환하는 데에 충분했다. 번역을 얼마나 잘

할 수 있을까, 어렵고 딱딱한 주제를 쉬운 언어로 잘 풀어낼 글솜씨가 내게 있을까 하는 걱정을 할 겨를도 없이 오직 한 가지 생각이 머릿속을 떠나지 않았다. 마치 피할 수 없는 운명인 것처럼, '이 책을 번역해야 한다면, 내가 할 수밖에 없는 것이 아닌가?'라는 생각이었다. '나 아니면 안 된다'라는 자만보다는 꼭 해보고 싶다는 간절한 바람이었다. 모든 것이 어렵고 짐으로만 느껴지는 일상을 벗어나서 작은 진리를 하나씩 찾아가는 가슴 떨리는 경험을 다시 따라가고 싶었다.

열역학을 한 번이라도 배워본 사람들이 대부분 동의하는 것은 너무 어렵다는 점이다. 아인슈타인은 열역학을 "기본적인 개념의 적용 틀이 결코 무너지지 않을 유일한 물리적 이론"이라고 말할 정도로 높게 평가했다. 어쩌면 너무 완벽한 이론이라는 생각에 어렵게만 느껴지는지도 모른다. 이 책의 원제처럼 '자연의 세 가지 법칙Three Laws of Nature'이라 부르는 단 3개의 법칙으로 자연을 설명하려는 시도가 열역학이다. 각각의 법칙은 단순한 문장으로 기술할 수 있으며, 수식으로 명확하게 표현된다. 제1법칙과 제2법칙을 요약하면, '우주의 에너지는 변하지 않으며, 우주의 엔트로피는 항상 증가한다'라고 쓸 수 있다. 얼음이 어는 것에서부터 우리 몸에서 음식물이 소화되는 과정에 이르기까지 자연의 수많은 현상을 이렇듯 단순한 법칙으로 설명할 수 있다는 사실이 놀랍다. 하지만 열역학 법칙을 실제적인 과정에 적용하는 것은 그리 단순하지 않다. 열역학에서 설명하는 많은 개념과 법칙의 의미를 일관되게 이해하기 위해서는 오랜 시간과 반복적인 고찰이 필요하다. 개인적으로는 이것이 열역학이 이해하기 힘든 학문이라는 평판을 받는 가장 근본적인 이유라고 생각한다. 학생들에게 열역학을 강의할 때마다 이 점을 강조하기 위해 "열역학 3법칙이란 열역학을 세 번 이상 배우기 전에는 절대로 이해할 수 없는 것이 자연의 법칙이라는 의미이다"라고 이야기한다. 또 열역학을 제대로 이해하기 위해서는 열역학의 개념과 법칙을 다른 사람에게 자신의 언어로 설명하려는 노력이 큰 도움이 될 수 있다. 그런 의미에서 이 책은 꽤 유용한 지침이 된다. 머리말에서 밝혔듯이 베리 교수는 이 책에서 과학에 대한 배경지식이 거의 없거나 전혀 없는 사람들을 위해 열역학 이야기를 풀어나가고 있기 때문이다.

베리 교수도 강조했듯 제1법칙의 대상인 '에너지'는 열역학의 가장 근본적인 개념으로, 비교적 쉽게 감을 잡을 수 있다. 하지만 제2법칙에서 도입된 '엔트로피'는 우리가 경험적으로 쉽게 이해하기 힘든 개념이다. 열역학의 심오한 의미를 대표하는 개념이 있다면 아마 이 '엔트로피'일 것이다. 열역학 제2법칙은 자연이 변화하는 방향성에 대하여 불가능하다고 알고 있는 사실들, 예를 들어 열은 아무런 다른 변화 없이 낮은 온도에서 높은 온도로 흐를 수 없다거나 엎질러진 물이 저절로 모이는 일은 없다는 사실에서 출발한다. 클라우지우스는 엔트로피 개념을 도입하여 제2법칙을 체계화하였다. 엔트로피 개념은 처음 도입된 이래 제대로 이해되지 못하고 많은 오해를 불러일으켰다. 후에 볼츠만은 확률적인 방식으로 엔트로피의 의미를 해석하려 시도했으며, 엔트로피는 어떤 상태의 '무질서도'를 나타내는 척도로 이해되기 시작했다. 에딩턴 경은 엔트로피 법칙을 자연의 법칙 중 최상위를 차지하고 있는 법칙이라고 보았다. 이후 엔트로피 개념은 새로운 세계관의 기초가 되는 패러다임으로서 큰 영향력을 끼치게 된다. 섀넌은 '정보 엔트로피'의 개념을 만들어냈으며, 그 외에도 생물학, 경제학, 사회학, 정치학 그리고 예술에 이르기까지 엔트로피의 개념과 법칙은 다양한 모습으로 해석되고 인용되고 있다. 그러나 엔트로피가 원래의 엄격한 과학적 정의에서 벗어나 보다 폭넓게 적용될 때, 새로운 관점을 제공하는 유용함과 함께 부적절한 해석을 통한 개념의 혼란과 부작용의 위험도 함께 커질 수 있다는 점은 유념해야 한다.

서점에 가보면 과학과 기술의 여러 분야를 쉽게 설명하는 수많은 책을 만날 수 있다. 우리 삶의 많은 부분이 변화하는 과학기술의 영향을 받고 있다는 사실을 반영한다고 하겠다. 다른 예를 찾을 필요도 없이 2020년 초부터 이 글을 쓰고 있는 현재까지 계속되고 있는 코로나바이러스 대유행을 통해 절감하는 사실이다. 인류 전체의 지속가능한 미래를 위하여 해결해야 하는 난제들의 대부분은 관련된 과학기술 이슈에 대한 정확한 이해가 무엇보다도 중요하다. 과학자들만의 노력으로는 부족하고 모든 사람들의 이해가 필수적이지만 현실은 그렇지 못하다. 베리 교수도 '적절한 균형을 이루려면 과학자들이 셰익스피어에 대해 알고 있는 만큼 비과학자들도 열역학 제2법칙에 대해 알아야 한다'는 스노의 주장이 열역학에 대한 책을 쓰게 된 중요한 계기라고 밝히고 있다. 개인적으로는 '과학의 대중화'라는 개념을 그리 좋아하지 않는다. 어려운 과학을 대중이 이해할 수 있도록 쉽게 전달해야 한다는 전제 때문이다. 오히려 '대중의 과학화'가 올바른 방향이라고 생각한다. 이제는 과학의 기본적인 이해가 과학자들의 점유물이 아니라 모든 사람들의 사고와 행동의 근본적인 토대가 되어야 하지 않을까? 이 책이 그러한 노력의 작지만 의미 있는 한 걸음이 되기를 소망해본다.

처음의 열정과 부푼 기대에도 불구하고 막상 시작한 번역 작업이 순탄하지만은 않았다. 학교에서 맡은 일 때문에 오랜 시간 집중하는 것이 쉽지 않았고, 앞서 언급한 코로나바이러스 사태도 차분하게 번역에 몰두하는 데에 도움이 되지는 않았다. 길어지는 번역 기간에도 불구하고 격려를 아끼지 않았던 김영사 분들께 감사의 마음을 전한다. 학자의 길을 걸어갈 수 있도록 이끌어주셨던 서울대학교의 신국조 교수님과 시카고대학교의 스튜어트 라이스 교수님께 이 번역서가 작은 감사의 표시가 되기를 바라며, 좋은 책으로 열역학에 대하여 또 한 번의 가르침을 주신 베리 교수님께도 존경과 고마움을 전하고 싶다.

한창 번역을 하던 2020년 7월 말에 들려온 베리 교수의 부고는 슬픔과 함께 안타까움으로 다가왔다. 과학계의 큰 별이 또 하나 졌다는 사실과 더불어 부끄럽지만 부족한 제가 교수님의 책을 번역했노라고 말씀드리지 못한 개인적인 아쉬움도 컸다. 하지만 베리 교수의 지적 유산을 후학들에게 전하는 일에 조금이나마 기여했다는 생각으로 위안을 삼으며, 이 책을 베리 교수의 영전에 바친다.

2021년 3월 관악에서

신석민

찾아보기